Physical and chemical studies on GOT Isoenzymes isolated from sera of obstructive Jaundice and Myocardial in farction

Prof. Dr. sami A.AL-Mudhaffar

Ferdous A. AL- Mudhaffar

Mosaddaq I. Shakib

Part (I)

Studies on the seperation of Glutamic oxalo acetate transaminase isoenzymes and some of their physical and chemical properties in Sera of patients with obstructive jaundice and following their activities after Surgical operation.

I)   A Simple Chromatographic Technique for the separation of GOT iso enzymes and their physical properties from sera of patients with obstructive jaundice.

II) Chemical properties of the Glutamic oxaloacetate transaminase isoenzymes from Sera of patients with obstructive jaundice.

A Simple Chromatographic Technique for the Seperation of
GOT Isoenzymes and their Physical Properties from Sera
of patient with Obstructive Jaundice

(1)

Sami Al-Mudhaffar   Firdouse Al-Mashhdani

Chemistry Department, Biochemistry Section, College of
Science.

Introduction:

Occurance of multiple forms has been reported for
many enzyme system[1]. Gabrielli et al[2] were able to
fractionate 3 isoenzymes for GOT in sera of patient with
Alcoholism, viral hepatitis, cirrohosis and also in
sera of healthy individual using column chromatography
with DEAE-sephadex A-50 and also Al-Mudhaffar et al[3]
were able to fractionate GOT in to three seperable
isoenzymes by the same method, two cationic unadsorbed
by the anion exchanger and one anionic, adsorbed by the
exchanger and eluted by NaCl. The authors noted then
on the basis of electrophoretic analysis each isoenzyme.

appeared to be distinct species. Al-Mudhaffar[4] et al were able to fractionate three distinct isoenzyme in leukemic sera referred as I, II, III, and the electrophoretic technique show that each isoenzyme I, II, III yielded a single protein band corresponded to the same position as γ-globulin and α-globulin and albumin respectively.

Al-Mudhaffar et al[5] fractionated three isoenzyme for GOT in sera of patients with kalasar and their physical and kinetic studies were studied extensively.

The purpose of this paper is to fractionate GOT isoenzymes in sera of patients with obstructive Jaundice and to study their physical characteristic such as spectral studies, electrophoretic pattern, molecular weight determination and isoelectric points determination.

Materials and Methods

Materials:

Aspartic acid, NaH_2PO_4, Na_2HPO_4, NaCl, KH_2PO_4 were purchased from BDH Co., α-ketoglutarate, 2,4 dinitrophenyl hydrazine and NaCl were purchased from Hopkins and Williams Co., all chemicals used were of analytical grade while DEAE-sephadex A-50 was obtained from pharmacia (fine chemicals) Co. in Sweden.

All activity measurement of GOT isoenzyme and their spectral studies were performed on the UV-visible spectrophotometer. Varian Techtron Model 632 Series.

The Microzone electrophoresis-Beckman 152 apparatus was used to identify seperable serum fractions, which have GOT activity.

The Halb Mikro-Osmometer Model was used to evaluate molecular weight of isoenzyme IV of GOT in sera of patient with obstructive Jaundice.

The blood samples of untreated patients with obstructive
Jaundice who were admitted to the Medical city, Diagnosis
by the specialists, were based on complete histories,
physical examinations and laboratory tests. Blood samples
were usually left for one hour at room temperature, The
sera were then seperated by spinning for ½ hour at 3500
rpm, at room temperature. Analysis on the pathological
sera were always performed on the same day of sample
collection. Iso electric point was performed in (Vitrovac
Fraction Collector LKB Model) and by (LKB 2117 multiphor
System).

Methods

GOT activity was determined colorimetrically according to Reitman & Frankel method[6]. A column chromatography with DEAE - Sephadex A-50, was employed for the seperation and fractionation of GOT from sera of patient of obstructive Jaundice according to Al-Mudhaffar method[2] which was used for seperation of GOT isoenzymes from normal human sera. The fractions eluted from the column were assayed and the GOT activity was determined. The protein was calculated for each fraction according to Kalckar equation[7].

GOT isoenzymes fractionation was carried out by Microzonal electrophoresis, and requires barbitone buffer solution (pH 8.6) of 0.095 ionic strength, according to the method described by Gebott[8].

Determination of Molecular weight was carried out by osmotic pressure method. Isoenzyme IV was chosen for Molecular weight determination due to its high purity (Single Albumin band in the electrophoresis).

Absorption spectra of GOT isoenzymes in sera of patient with obstructive Juandice were measured with and without substrates within the region (200-330) nano meters.

The spectral studies were carried out using 2 ml. of the isoenzyme before and after the addition of 1 ml. of substrate (1 parts of α -ketoglutarat and 9 parts of Aspartic acid).

Iso electric point determinations :-

A-   LKB 8100.1 electrofocusing column (110 ml) was used for carrying out iso electric focusing at 4 ^{o}C with 2% Ampholine in sucrose gradient from 60% - 5% (^{W}/v). The initial applied voltage was 1600 volt for 24 hr. then 1800 volt for 26 hr. Sample were applied to the column in the dense gradient solution. Protein concentration was determined for each fraction by reading the absorbance at 280 nm in addition to its pH values.

B-   For analytical isoelectric Focusing, the LKB 2117 Multiphor system was used. The basic unit, consists of abuffer tank, a transparent cover and a rectangular cooling plate made of glass (p٣٣-٣٦). Focusing on the LKB Ampholine PAG plates was achieved with a constant power supply.

The sample used was both, salt free and particle free since high salt concentrations, interfere with pH gradient formation resulting in distored protein patterns while particles present in the sample, may be trapped at the place of application causing tailing by constantly leaking protein material (Winter et al., 1977).

The freezer - dried isoenzymes were resolubilized in the minimum quantity of water and spun down at 1000 g. for (10) minutes. The protein content of the supernatant was determined by the method of War burg and christian (1941) and adjusted to 5-10 mg protein/ml.

The PAG plate with apH range 3.5-9.5, was put on the template already placed on the cooling plate. Some insulating fluid (light parrafin oil) was applied between the cooling plate and the template and between the latter and the PAG plate avoiding entrapping air bubbles. Two electrode strips soaked in the proper electrode solution (1 M NaoH for the cathodic stripand 1 m phosphoric acid for the anodic strip) were placed on the gel as indicated by the template, the cover was put in position and focusing was performed for 30 minutes setting the power supply for 1400 v and 24 w. This allowed pH gradient formation prior to sample application. Subsequently, the protein samples were

applied to the gel by means of whatmann 3 mm (0.5 x
1 cm). Sample application pieces which were saturated
with the samples and placed at 2 cm distance from the
cathodal edge (page 32,33). After further 30 minutes
focusing, the sample application pieces were removed
with forceps and the run was continued for another
hour.

The pH gradient was then measured while the PAG
plate was still in position using surface glass elect-
rode taking one determination per centimeter distance
(Standardization of electrode and pH measurements were
performed at the same temperature as used during
focusing. Focusing was then continued for another 10
minutes to restore the sharpness of zones which might
have diffused during pH measurement. Then the gel was
treated as follows (Winter et al., 1977):

a- The proteins were fixed by immersing the gel in
    the fixing solution (17.3 gm. of sulpho salicylic
    acid and 57.5 gm. trichloracetic acid in 500 ml.
    of water) for 0.5 - 1 hr.

b- The gel was placed in destaining solution (500 ml
    ethanol, 150 ml acetic acid, 1340 ml water) for
    15 to 30 minutes to wash out the Ampholins present.

c- The gel was stained by dipping in the staining solution (0.46 gm. coomasic Brillant Blue R250 in 400 ml destaining solution) for 10 minutes at 60 ^{o}C.

d- Excess stain was removed by immersing the gel in destaining solution (frequent changes) until a totally clear background was obtained (this usually required over night destaining).

e) The stained gel was preserved by immersing the fully destained gel in destaining solution containing 10 % ($^{v}/v$) of glycerol for 0.5 - 1 hr. A cellophane sheet soaked in the same solution for a few minutes, was wrapped around the gel and the supporting glass plate, avoiding trapping air.

The wrapped gel was allowed to dry at room temperature.

Results and Discussion

The fractionation procedure yielded four distinct
isoenzymes in sera of patient with obstructive Jaundice
[Fig (2)], while in sera of normal person[2] three iso-
enzyme were obtained as in patient with non obstructive
Jaundice. These results obtained suggest a good method
for differentiation between obstructive Jaundice and non
obstructive Jaundice as well as a good method for diag-
nosis of obstructive Jaundice.

The electrophoretic technique show that each of
the isoenzyme I, II, III, IV yielded single protein
band, corresponded to the same position of γ-globulin,
α-globulin for I, II respectively while isoenzymes III,
IV corresponded to the position of B-globulin and Albumin
respectively as shown in Fig (4). This experiment indi-
cates that the four isoenzymes differ in their isoelect-
ric points.

Determination of Molecular weight by osmotic pre-
ssure Method:-

Isoenzyme IV was chosen for Molecular weight deter-
mination due to its high purity (Single albumin band in
the electrophoresis). The value obtained was (151989).

Absorption spectra of GOT isoenzymes in obstructive Jaundice:-

Fig (6, 7, 8, 9) show the spectral curves for each isoenzyme in sera of patient with obstructive Jaundice. Different curves for these four isoenzyme were obtained. The substrate effect on the spectra was obtained which is probably due to the protenated enzyme and its complex with α -ketoglutarate.

Iso Electrofocusing Studies:-

A-   Fig. (10) shows the electrofocusing seperation of these isoenzymes from serum of patient with obstructive Jaundice and the complete seperation of these isoenzymes indicate the difference in their isoelectric point PI (4.05 / 5 / 6.7 / 9.8). Corresponding to the isoenzymes IV, III, II, I.

B-   Electrofocusing is very special electrophoretic technique by which protein are seperated according to their iso-electric points in astable pH-gradient. Proteins differing by only a few hundredths of a pH unit in their isoelectric points may be resolved by electrofocusing in their layers of poly acylamide gels. (Fig 31). Isoenzyme I could not be detected due to its low solubility, which may have

been caused by freez drying or by Dialysis. Isoenzyme II
was resolved into two bands, one at range (8-8.4) pH and
the other at (7-7.6) pH.

Isoenzyme III gives one band at range (8-8.4) pH
and isoenzyme IV was resolved into two bands, one at
(6.7) pH and the other at (7.8-8.4) pH.

The result obtained by (LKB Ampholine carrier
Ampholytes) Method were more sensitive for GOT isoenzyme
from sera of patient with obstructive Jaundice and found
to be (4.05, 5, 6.7, 9.8) for isoenzyme I, II, III and
IV.

References:

1. Kaplan, N. C. (1963), in Bacteriol. Rev. 27: 155.

2. GABRIELLI, E. R. AND ORFANOS, A. (1968). Proc. Soc.
        Exp. Biol. N. Y. 128, 803.

3. Al-Mudhaffar, S. A. and Al-Salihi, F. G. (1978),
        Folia. Bioch. et. Biol. Graeca. Vol. xiii,
        p. 34-43.

4. Al-Mudhaffar, S. A. and Al-Obaydi, F. H. (1978),
        Folia. Bioch. et. Biol. Graeca. Vol. xiii,
        p. 54-60.

5. Al-Mudhaffar, S. A. and Al-Azawi (1978), Indian J. of
        Medical research (in press).

6. Reitman, S. and Frankel, S. (1957): Amer. J. Clin.
        Pathol. 28, 56.

7. Kalckar, H. M. (1947), J. Biol. Chem. 167, 461.

8. Gebbot, M. D. (1973), in Microzone electrophoresis
        Manual, Bechman Instruments, California.

Chemical Properties of GOT isoenzymes
from sera of patient with obstructive
Jaundice.

(II)

Al-Mudhaffer S.A., Firdose Al - Mashhadani
Chemistry Dept. College of Science
Baghdad, Iraq

Introduction:-

In proceeding paper, the seperation of four GOT
isoenzymes I, II, III, IV from sera of patient with
obstructive Jaundice[1] was studied, their physical
properties were characterized. The chemical properties
of these isoenzyme, are reported in this paper which
include kinetic properties and electrolyte composition,
in sera of patient with obstructive Jaundice.

Materials and Method

The samples were obtained by Venipuncture and kept
to Clott for I hours at room temp. then the serum was
seperated by centrifugation at 3000 round per minutes
for 30 min.

Fractionation process was performed on the same day of sample collection and by the method described previously[2], the activity was determined colorimetrically by Reitman and Frankel[3] and by using (UV. - visible spectrophotometer Varian Techtron Model 635 Series).

All kinetic experiments were run according to Al-Mudhaffar Method[6], [2].

Electrolytes determination was performed by Pye Unicam Ltd.

SP 190/191 Atomic Absorption, Single Beam, Spectro photometer.

Blood sample were obtained from Baghdad Hospitals for untreated obstructive Jaundice samples.

The phosphat buffer (0.1 M) pH range (6.6 - 8.5) was used for pH activity studies of GOT isoenzymes.

Results and Discussion

A- Kinetic Studies:-

   1- Relation between substrate concentration and velocity of the reaction:-

The effect of substrate concentration (L-Aspartic and α-Ketoglutarate) upon initial velocities of GOT isoenzymes were determined (Fig. 12, 13). The optimal concentration at which Vmax was obtained for their total and GOT isoenzymes I, II, III, IV were 166.5 x $10^{-3}M$, 172.5 x $10^{-3}M$, 129.5 x $10^{-3}M$, 166.5 x $10^{-3}M$, 129.5 x $10^{-3}M$, respectively for the aspartic acid and 1.66 x $10^{-3}M$, 1.02 x $10^{-3}M$, 1.66 x $10^{-3}M$, 1.66 x $10^{-3}M$, 1.33 x $10^{-3}M$, respectively for α-ketoglutarate.

Each Isoenzyme I, II, III, IV obeys Hill equation and show a sigmoidalshap when velocity is plotted against substrate conc. (Fig 12, 13).

2- Determination of the optimal temperature for GOT isoenzyme I, II, III, IV. (Fig. 18) shows the effect of temp. on GOT isoenzymes I, II, III, IV. The optimal temp. at which Vmax was obtained were 57°, 37°, 37°, 57° respectively as shown in table (2), In Fig (19) it was noticed that isoenzymes I and IV obey Arrehnius equation until 57°.

Table (4) shows the values of Ea and Q_{10} for each isoenzyme. The Q_{10} values are similar to those

obtained for other enzymatic reaction that ranged
between 1-2[5].

3-   Effect of pH on GOT isoenzymes I, II, III, IV. :-

V_{max} was obtained at the following pH values
(6.6 , 7 , 7.4 , 7.8 , 8 , 8.2) while Fig (25)
represent the plotting of pH relation ship and the
activity of GOT isoenzymes. Fig. (24) show the
effect of pH upon $\bar{pK}s$ of the GOT isoenzymes I,
II, III, IV.

4-   Calculation of $\bar{k}$ values:-

$\bar{K}$ values of the I, II, III, IV, isoenzymes
were graphically determined by Hill method
(Fig. 14 , 15 , 16 , 17) and their $\bar{K}$ values are
presented in Table (3).

5-   Effect of time upon the reaction of GOT isoenzymes
I, II, III, IV at optimum condition of substrates,
Temp., pH, and enzyme conc. as shown in table (2).
and at low substrates conc. (in first order
region) and in all conditions, I hour was satisfied
to give Vmax for II, III, IV isoenzymes while for
isoenzyme I, ½ hour was enough as shown in Fig.
(20 , 21 , 22).

6- Inhibition of GOT isoenzymes I, II, III, IV by
    Sodium acetate and fumaric acid in sera of patient
    with obstructive Jaundice.
    _____

        There has been no previous reports on the
    effect of sodium acetate, fumaric acid on GOT
    isoenzymes. In patient with obstructive Jaundice
    Sodium acetate acts as an activator rather than
    Inhibitor toward GOT isoenzyme I, II, III, IV in
    sera of patient with obstructive Jaundice and the
    degree of activation was determined and shown in
    table (7). The activation effect of this compound
    may be due to change of the configuration of the
    isoenzymes. In this disease which may cause an
    increase of the forward reaction and decrease of
    the rate of the reverse reaction when sodium
    acetate is added.

        Fumaric acid act as an Inhibitor and the
    inhibitory effect of this compound may be due to
    denaturation of the enzymic protein which may be
    resulted in a change of configuration of the
    enzyme with subsequent decrease in enzymatic
    activity toward its substrate. (57)

The ki value of isoenzyme I, II, III, IV are shown in table (5), calculated by log $\frac{v_i}{v-v_i}$ vs. log (I) (Fig. 27 , 28 , 29 , 30).

Table (6) represent, the degree of inhibition for isoenzyme I, II, III, IV at certain concentration of the inhibition.

B- Zinc, Manganese, Calcium and Copper determination in GOT isoenzymes I, II, III, IV in sera of patient with obstructive Jaundice in Table (8) the conc. of Zn, Mn, Ca and Cu in GOT isoenzymes expressed in ppm. are reported, which indicate a variation in their concentration at different isoenzymes. All data presented suggest the existence of 4 isoenzymes of GOT isolated from sera of patient with obstructive Jaundice.

Summary :-

Isoenzymes I, II, III, IV obey Hill equation. While optimal pH for isoenzymes I, II, III, IV were 7.4 , 8.5 , 7.8 , 7.6 respectively. The optimal temp. for isoenzymes I, II, III, IV were $^{o}57$, $^{o}37$, $^{o}37$, $^{o}57$ respectively and the optimal time of incubation for isoenzyme I is $\frac{1}{2}$ hour while for isoenzyme II, III, IV were one hour.

GOT isoenzymes in sera of patients with obstructive Jaundice were inhibited by fumaric acid, activated by Sodium acetate, and inhibited by high substrate concentration with formation of inactive Enzyme - Substrate Complex.

References:

1. See part (I) from this thesis p. 2.

2. Al-Mudhaffar, S. A. and Al-Salihi, F. G. (1978) Folia.
   Bioch. et. Biol. Graeca Vol. xiii, p. 34-43.

3. Reitman, S. and Frankel, S. (1957). Amer. J. Clin.
   Pathol. 28, 56.

4. Hill, A. V. (1916). J. Physiol. 4, iv-vii.

5. Dawes, E. A. (1964). in comprehen. Biochem. (Florkin,
   M. and Stotz, E. H.), Vol. 12, p. 104, Elsevier,
   Amsterdam.

6. Al-Mudhaffar S. A. and Farah Al-Salihi, F. G. (1978).
   Folia. Bioch. et. Biol. Graeca Vol. xiii, p. 54-60.

Table -1-

Seperation and purification of GOT isoenzymes I, II, III,
IV in sera of patient of obstructive Jaundice.

The seperation of these isoenzymes were carried out
on DEAE-sephadex A-50   (1x15 cm) column. & The column
was eluted with 0.008 m sodium phosphate buffer. The
activity of GOT isoenzymes was determined at 37 C^o
according to Reitman and Frankel method and expressed
in I.U./L.

Protein conc. was determined according to U.V. method.

GOT isoenzyme	GOT activity I.U./L.	Average activity of (60 cases)	Protein conc. mg/ml.	Specific activity I.U./mg.	degree of purification
I	8-3.5	5.7	1.22	4.67	8
II	5-35	20	0.45	44.4	73
III	3-13.4	6.7	0.33	20.30	33
IV	8-36	22	0.83	26.5	43

Table -2-

Optimal condition for GOT isoenzyme (I, II, III,
IV) in sera of patient with obstructive Jaundice

The optimal conditions for each isoenzyme (I, II, III, IV)
were determined according to different individual experi-
ments. The values presented in the table are the mean
value of 6 samples from sera of patient with obstructive
Jaundice, optimal (S) was determined by V. vs. (S), opti-
mal pH was calculated according V vs. pH plot and Temp.
at optimum rate was calculated by V. vs. temp.

Table -2-

GOT isoenzyme	Optimum Substrate (S) (M)	Optimum pH	Optimum temp.
I	$\dfrac{\text{Aspartic acid } 172.5}{\alpha \text{-Ketoglutarate } 1.02}$	7.4	57°
II	$\dfrac{\text{Aspartic acid } 129.5}{\alpha \text{-Ketoglutarate } 1.66}$	8.5	37
III	$\dfrac{\text{Aspartic acid } 166.5}{\alpha \text{-Ketoglutarate } 1.66}$	7.8	37
IV	$\dfrac{\text{Aspartic acid } 129.4}{\alpha \text{-Ketoglutarate } 1.33}$	7.6	57

Table -3-

Determination of K^- (Aspartate and -Ketoglutarate) for GOT isoenzyme I, II, III, IV. In sera of patient with obstructive Jaundice.

The activity was determined at different substrate concentration for Aspartic acid in the reaction Mixture (18-222) mM and α-ketoglutarate (0.34 - 2.02) mM in presence of 0.1 M potassium buffer and at 37° temp. and pH 7.4.

$\bar{K}$ values were determined by plotting log $\frac{V}{V_{max-V}}$ Vs. log (S) Hill Method.

Table -3-

Substrate (S)	K^- Values , Hill method (M) log $V/_{V\ max\ -\ v}$ Vs. log (S)			
	GOT isoenzyme I	GOT isoenzyme II	GOT isoenzyme III	GOT. isoenzyme III
Aspartic acid (18-222) m M.	$2.5x10^{-3}$	$5.04x10^{-3}$	$4.82x10^{-3}$	$8.1x10^{-3}$
α-keto-glutarate (0.34-2.02) m M.	$4.3x10^{-7}$	$5.6x10^{-7}$	$1.09x10^{-6}$	$0.18x10^{-6}$

Table -4-

Measurement of activation energy and Q_{10} of
GOT isoenzyme (I, II, III, IIII) in sera of
patient with obstructive Jaundice.

E_a was determined from the slop of log V_{max} vs. I/T
plot while Q_{10} was calculated according to the following
equation:- $Ea = \dfrac{2.3 \ R \ T_1 \ T_2 \ \log Q_{10}}{10}$

Enzyme	E_a (cal).	Q_{10}
isoenzyme I	14285	2
isoenzyme II	12751	1.06
isoenzyme III	16189	1.08
isoenzyme IIII	12113	1.06

Table -5-

k_i (Aspartic acid) for each isoenzyme I, II, III, IV in sera of patient with obstructive Jaundice.

K_i value were determined seperately in presence of fumaric acid (0.02 - 0.08) m M and in presence of different concentration of Aspartic acid (55, 92, 120, 116.5, 179) m M and 1.66 m α-ketoglutaric acid. The Inhibitor constants were determined by plot of log $V_i/v-v_i$ vs - log (I).

Table -5-

GOT isoenzyme	K_i (Aspartic) in m by plotting log $\frac{V_i}{V-V_i}$ VS. log (I)
I	251
II	44
III	20
IV	32

Table -6-

The degree of inhibition of GOT isoenzyme
(I, II, III, IV) at 0.06 m   fumaric
acid from sera of patient with obstructive
Jaundice.

The reaction was carried out in 37° in 0.1 m pottasium
buffer and the degree of Inhibition is calculated as
follows:-

% of Inhibition :-

$$= \frac{\text{Enzyme activity in absence of Inhibitor} - \text{Enzyme activity in presence of inhibition}}{\text{Enzyme activity in the absence of Inhibitor}}$$

Inhibitor	Degree of Inhibition (%)			
	isoenzyme I	isoenzyme II	isoenzyme III	isoenzyme IIII
(0.06)m fumaric acid	69	68	50	66

Table -7-

The degree of activation of GOT isoenzyme I, II,
III, IV   at 0.08 m M sodium acetate from sera of
patient with obstructive Jaundice.

The reaction was carried out at $37^{o}C$ in presence of 0.1
potassium phosphate buffer pH 7.4. The activity of GOT
isoenzymes was expressed in I.U./L. and the degree of
activation is calculated as follows:-

% degree of activation =

$$= \frac{\text{Enzyme activity with activator} - \text{Enzyme activity without activator}}{\text{Enzyme activity with activator}}$$

activator	Degree of activation (⍺)			
	isoenzyme I	isoenzyme II	isoenzyme III	isoenzyme IIII
0.08 m Sodium acetate	75.6	75	88.6	98

Table -8-

Measurement of Zinc, Manganese, Calcium and
Copper in GOT isoenzyme 1, II, III, IV in
sera of patient with obstructive Jaundice.

A method for the measurement of Zinc, manganese,
Calcium and Copper was described for the Perkin-Elmer
Model 303 atomic absorption spectrophotometer. GOT
isoenzymes were used directly for determination.

isoenzymes	Concentration (ppm).			
	Zinc	Manganese	Calcium	Copper
I	0.24	0.121	0.25	0.04
II	0.09	0.357	0.32	0.05
III	0.11	0.157	0.7	0.03
IIII	0.11	0.145	0.1	0.05
Total Serum	0.6	1.1	1.17	0.31

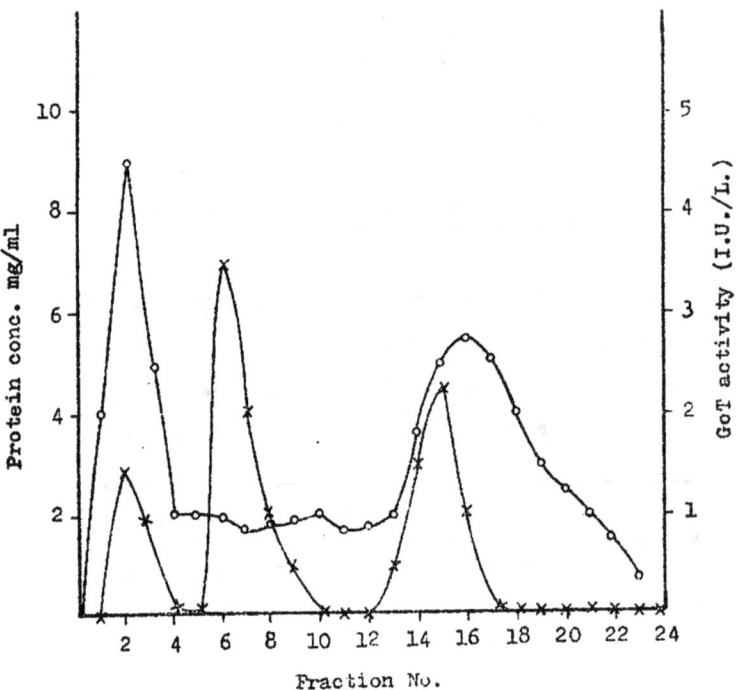

Fig.(1): Seperation and purification of GoT isoenzymes (I, II, III) from sera of normal individuals A column of DEAE sephadex A-50 (1x15 cm) was used for seperation GoT isoenzyme. The activity of each isoenzyme was determined according to Reitman and Frankel method. Protein was calculated according to Kalcker equation.

x———x represent the activity of GoT

o———o represent the conc. of protein

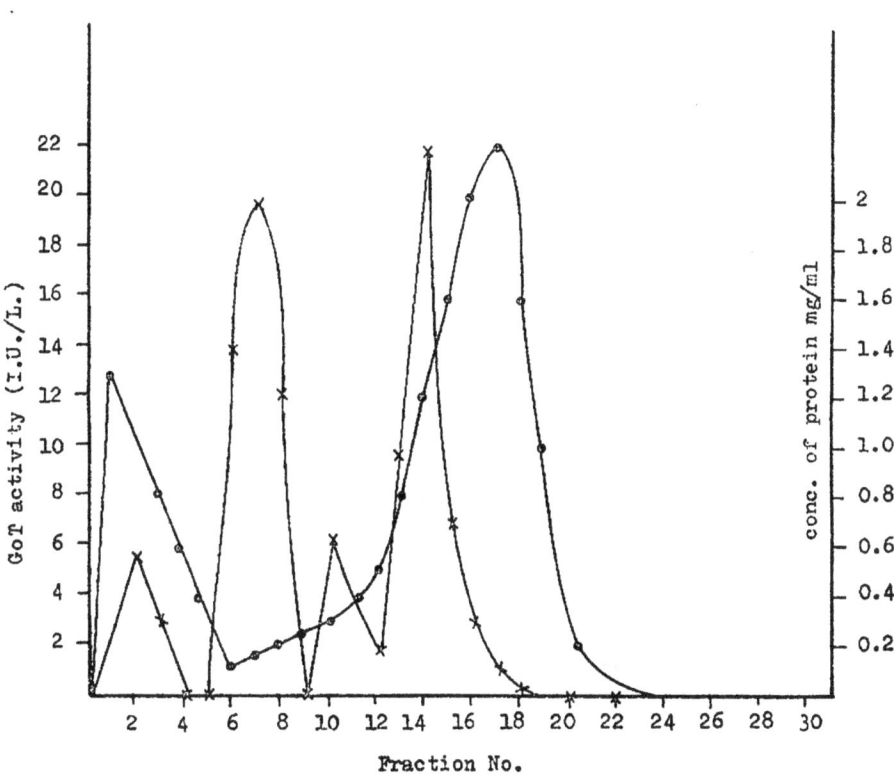

Fig.(2): Seperation and purification of GoT isoenzyme (I, II, III, IV)
from sera of patient with obstructive Jaundice·column of
DEAE sephadex A-50 (1x15 cm) was used for seperation
isoenzymes I, II, III, IV. The activity of each isoenzyme
was determined according to Reitman and Frankel method.
Protein was calculated according to Kalckar equation.
All other details are mentioned in the text.

×——× represent the GoT activity
•——• represent the conc. of protein

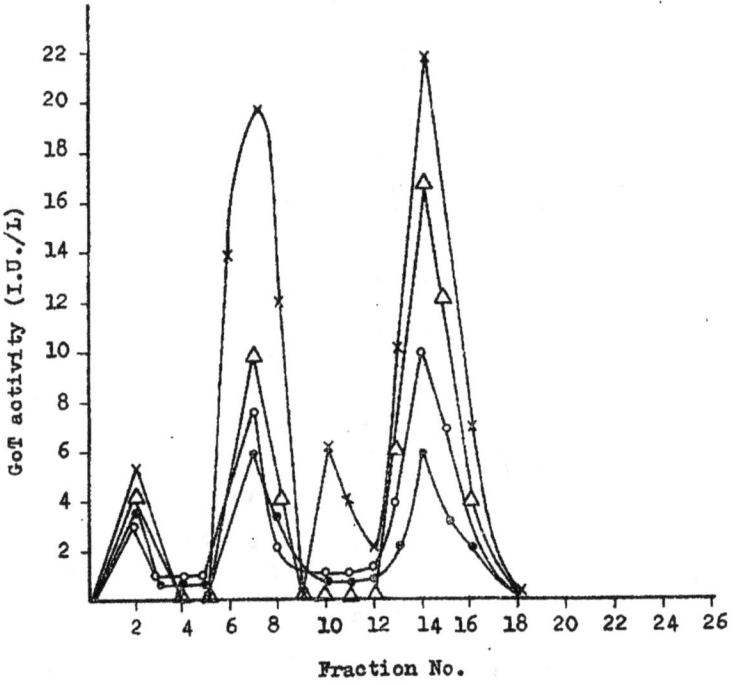

Fig.(3): Seperation and purification of GoT isoenzymes
(I, II, III, IV) during the treatment from sera of
patients with obstructive Jaundice.
Blood sample were taken before and after the
operation (surgical operation).

x———x   GoT activity before surgical operation

△———△   GoT activity after surgical operation (one day)

o———o   GoT activity after surgical operation (3 day)

•———•   GoT activity after surgical operation (8 day)   ;

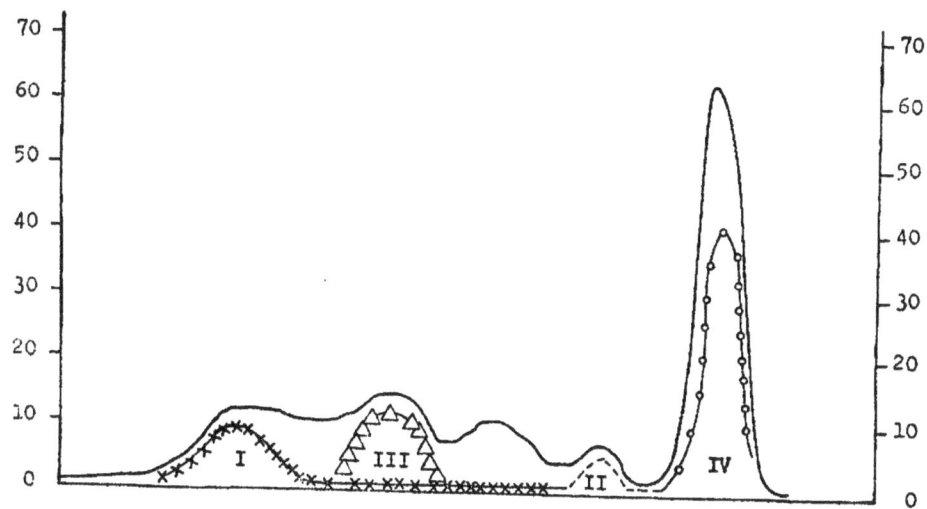

Fig.(4): Microzonal electrophoresis for serum protein and GoT
isoenzymes (I, II, III, IV) in serum of patient with
obstructive Jaundice seperated by chromatography.
All details are explained in the text.

——————— represent total serum protein
×———× represent GoT isoenzyme I
△———△ represent GoT isoenzyme III
— — — — represent GoT isoenzyme II
o———o represent GoT isoenzyme IV

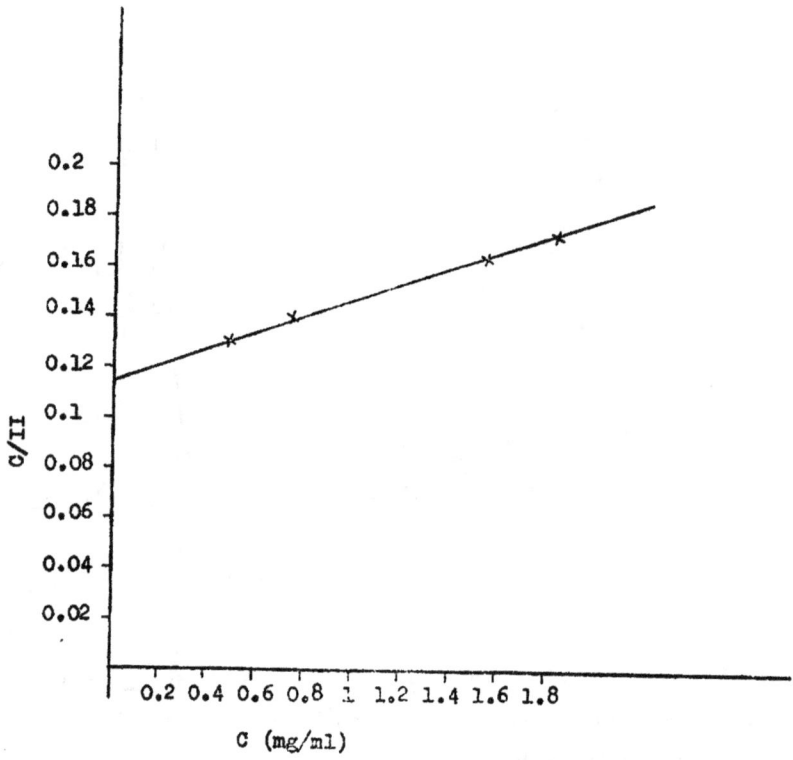

Fig.(5): Relation of $\frac{II}{C}$ vs. C for isoenzyme IV of GoT in sera of patient with obstructive Jaundice in presence of 0.1 M potassium phosphate buffer, pH 7.4 .

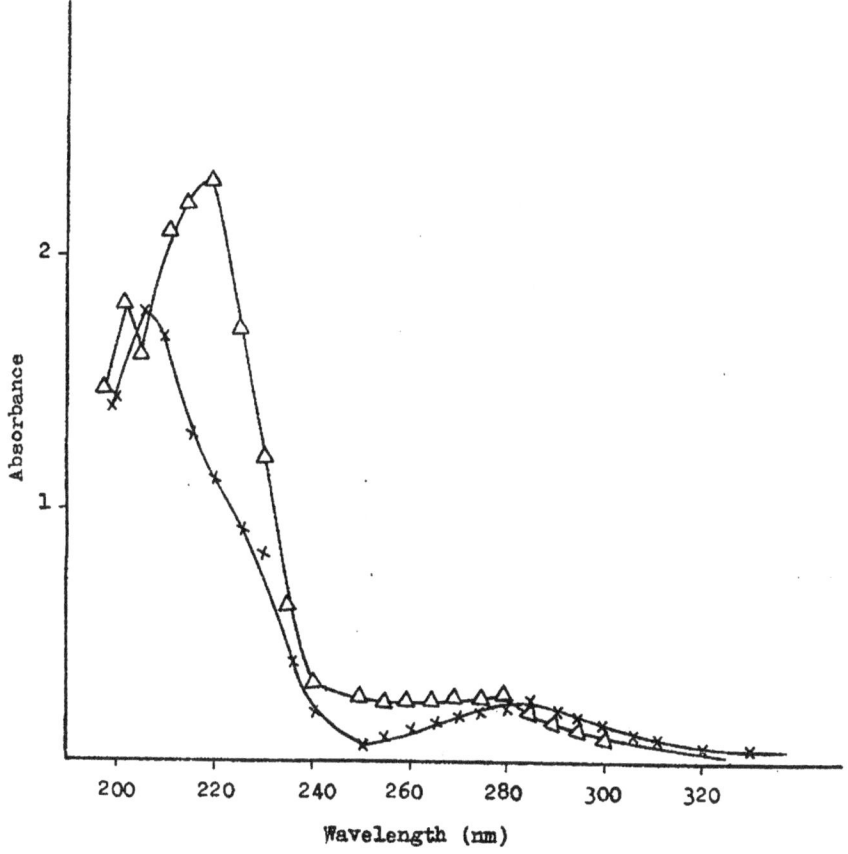

Fig.(6): Spectral characteristic of isoenzyme I in sera of
obstructive Jaundice in U.V region (200-320 nm).

x———x represent isoenzyme I only

△———△ represent isoenzyme I + [0.1 ml. α-ketoglutaric
(1.66x10^{-3}M) and 0.9 ml. of Aspartic (166.5x10^{-3}M)]

All other details are explained in the text.

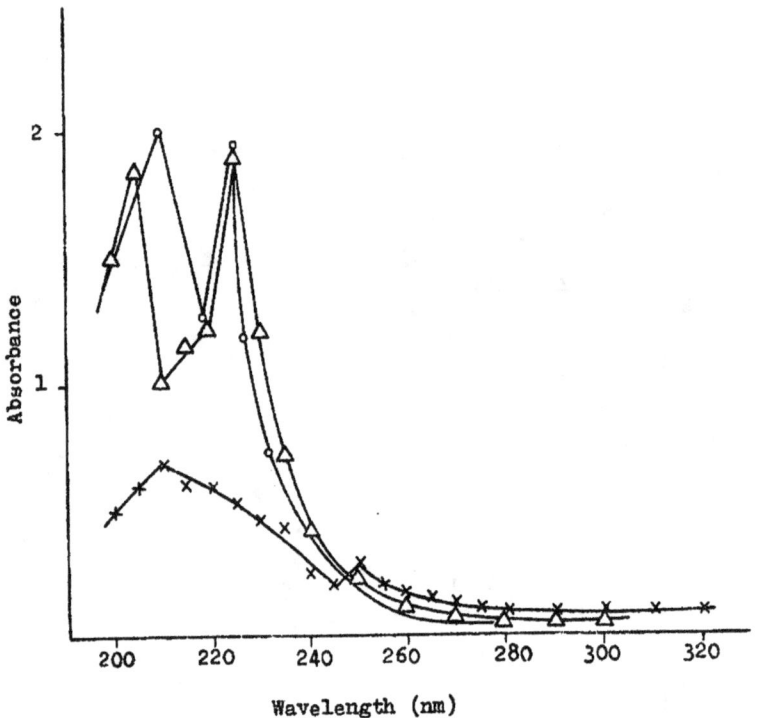

Fig.(7): Spectral characteristic of isoenzyme II in sera of
patient of obstructive Jaundice in U.V region
(200-320 nm).

x————x   represent isoenzyme II only.

△————△   represent isoenzyme II + [0.1 ml. α-ketoglutaric
(1.66x10^{-3}M) and 0.9 ml. Aspartic (166.5x10^{-3}M)]
and read immediately.

o————o   represent isoenzyme II + [0.1 ml. α-ketoglutaric
(1.66x10^{-3}M) and 0.9 ml. Aspartic (166.5x10^{-3}M)]
and read after 10, 20 min.

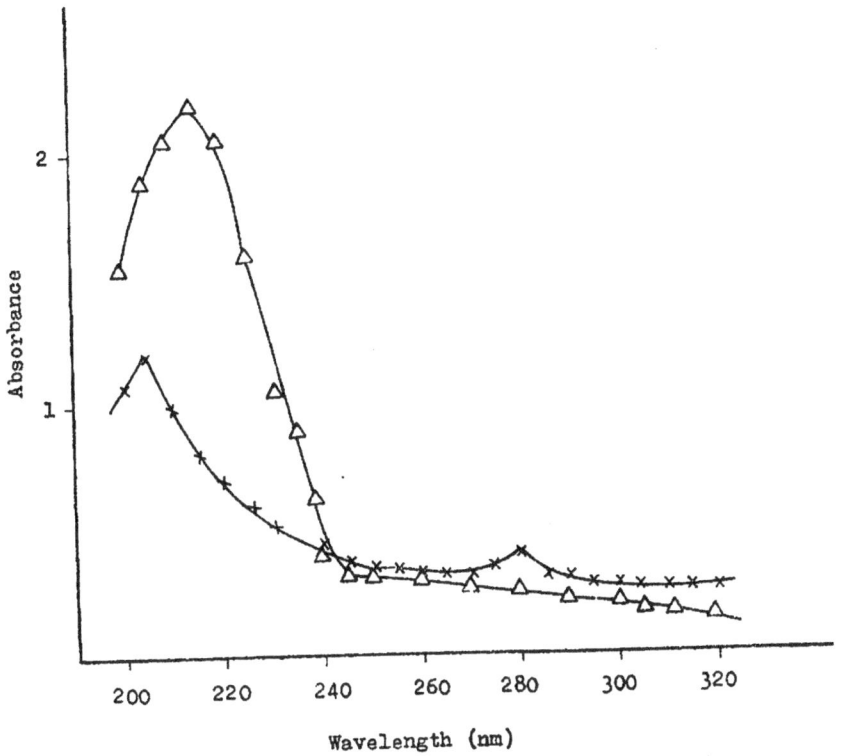

Fig.(8): Spectral characteristic of isoenzyme III in sera of
patient of obstructive Jaundice in U.V. region
(200-320) nm.

x———x   represent isoenzyme III only

△———△   represent isoenzyme III + $\left[0.1\ ml.\ \alpha\text{-ketoglutaric}\right.$
$(1.66x10^{-3}M)$ and $0.9\ ml.$ Aspartic $\left.(166.5x10^{-3}M)\right]$
and read after 10, 20 min.

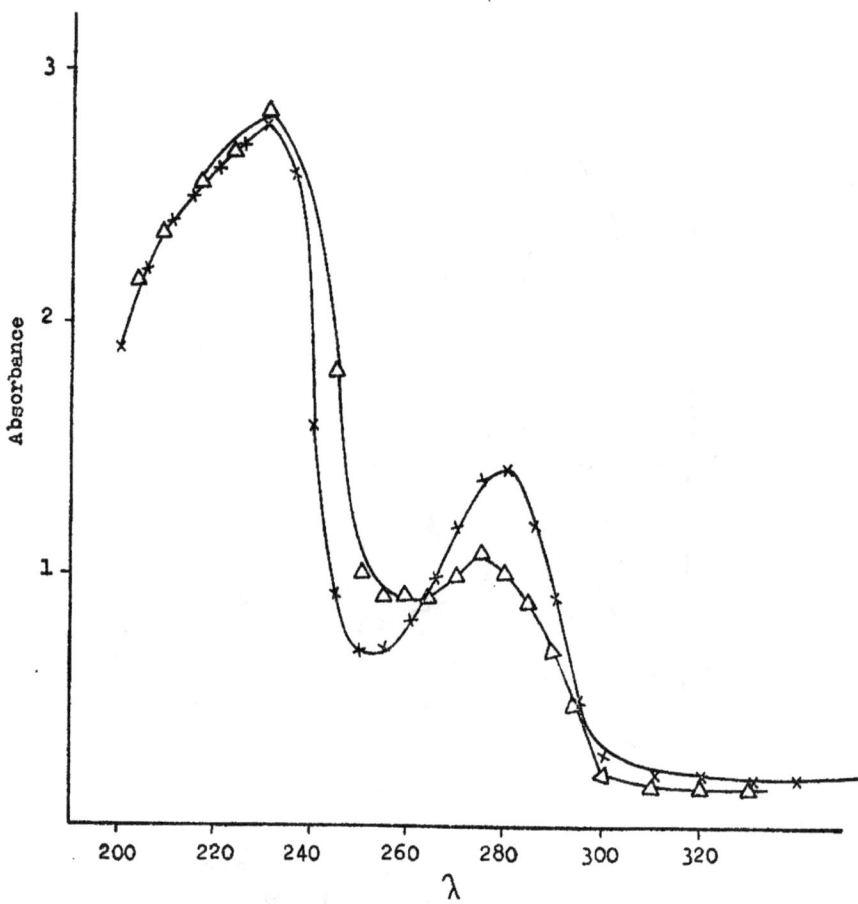

Fig.(9): Spectral characteristic of isoenzyme IV in sera of obstructive Jaundice in U.V. region (200-320 nm.).

×———× represent isoenzyme IV only

△———△ represent isoenzyme IV + $\left[\text{0.1 ml. } \alpha\text{-ketoglutaric} \right.$ $(1.66 \times 10^{-3}\text{M})$ and 0.9 ml. Aspartic $(166.5 \times 10^{-3}\text{M})\left. \right]$ and read immediately.

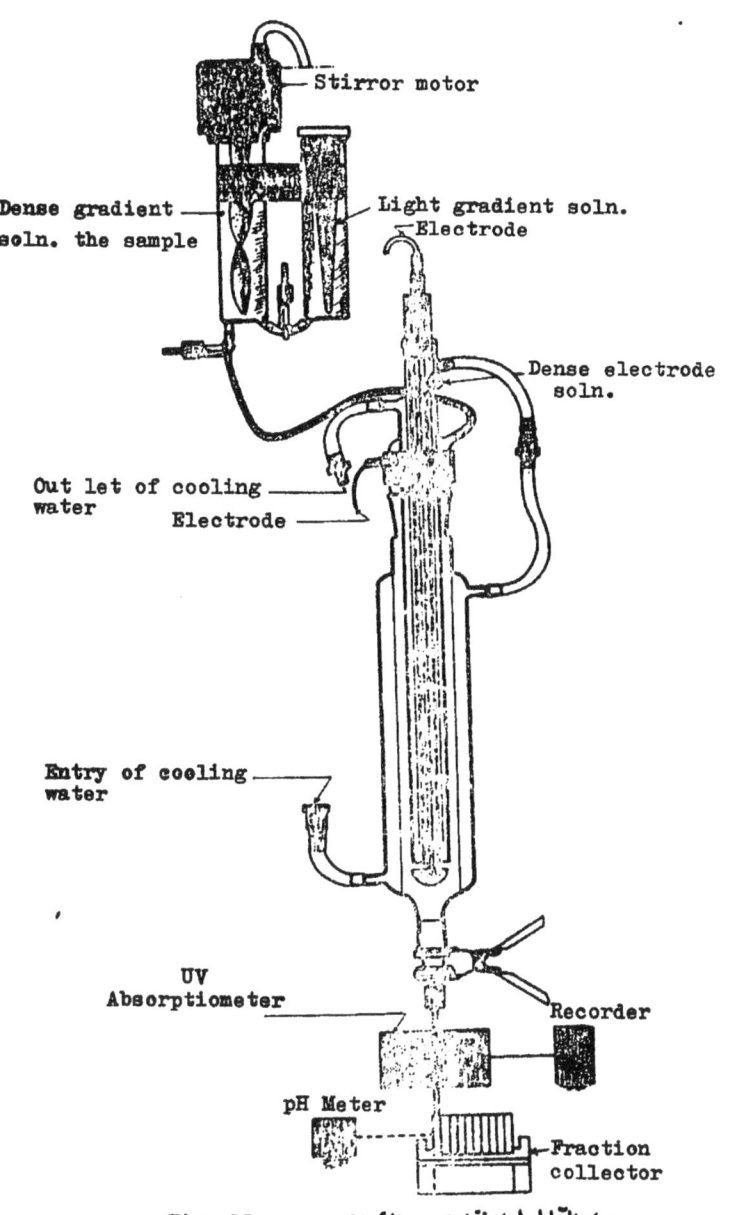

Stirror motor
Dense gradient soln. the sample
Light gradient soln.
Electrode
Dense electrode soln.
Out let of cooling water
Electrode
Entry of cooling water
UV Absorptiometer
Recorder
pH Meter
Fraction collector

Fig. 11 الشكل التخطيطي لجهاز [illegible]

SCHEMATIC DIAGRAM FOR THE ISOELECTRIC-FOCUSING SYSTEM.

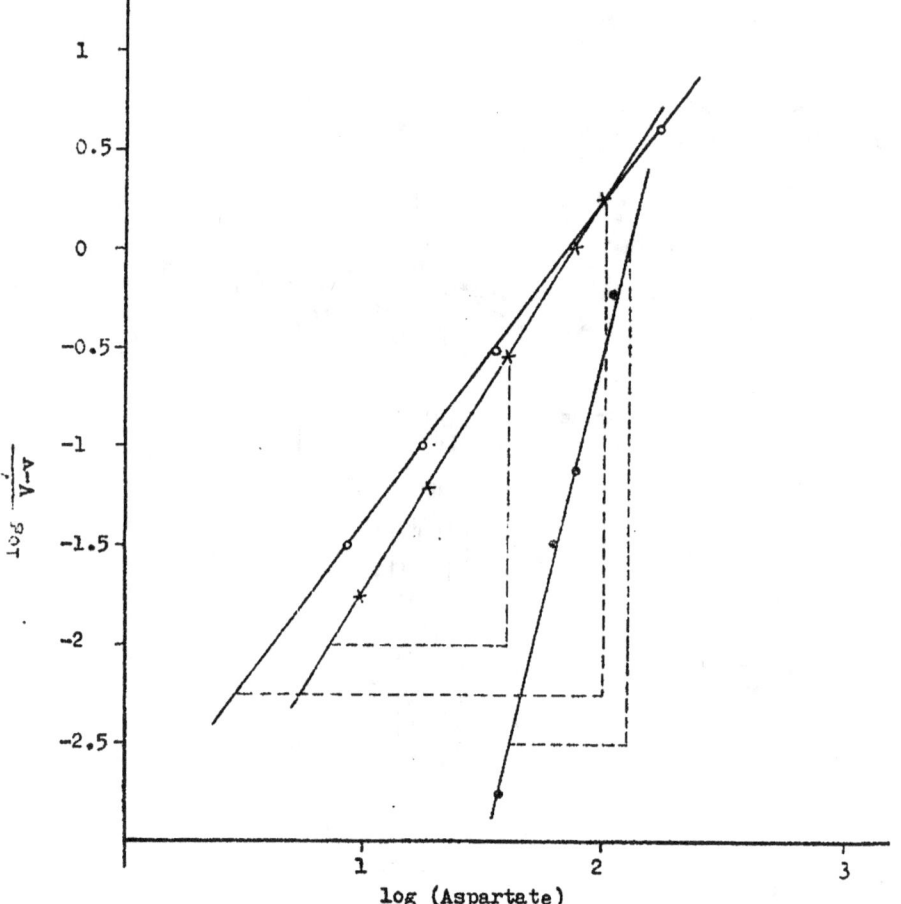

Fig.(14): K̄ determination for isoenzyme II, III, IV using Hill
method in sera of patients of obstructive Jaundice
(log $\frac{v}{V-v}$ vs. logs). The reaction was carried at
different concentration of Aspartate (55, 74, 92.5,
129.5, 166.5, 172.5) mM and optimal conc. of α-keto
glutarate for each isoenzymes.

X———X   represent isoenzyme II

•———•   represent isoenzyme III

o———o   represent isoenzyme IV

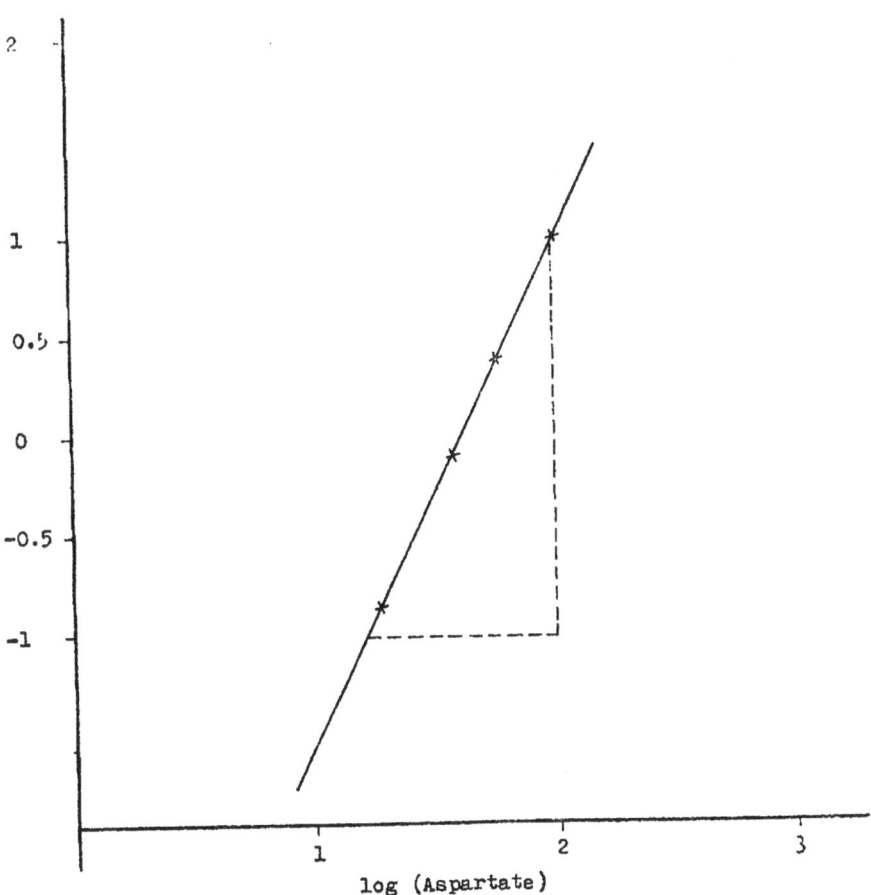

Fig.(15): $\bar{K}$ determination for isoenzyme I by using Hill method in sera of patients of obstructive Jaundice ($\log \frac{v}{V-v}$ vs. log(s)). The reaction was carried at different concentration of Aspartate (55, 74, 92.5, 129.5, 166.5, 172.5, 172.5, 185) mM and optimal concentration of α-ketoglutarate for isoenzyme I (1.02×10^{-3})m.

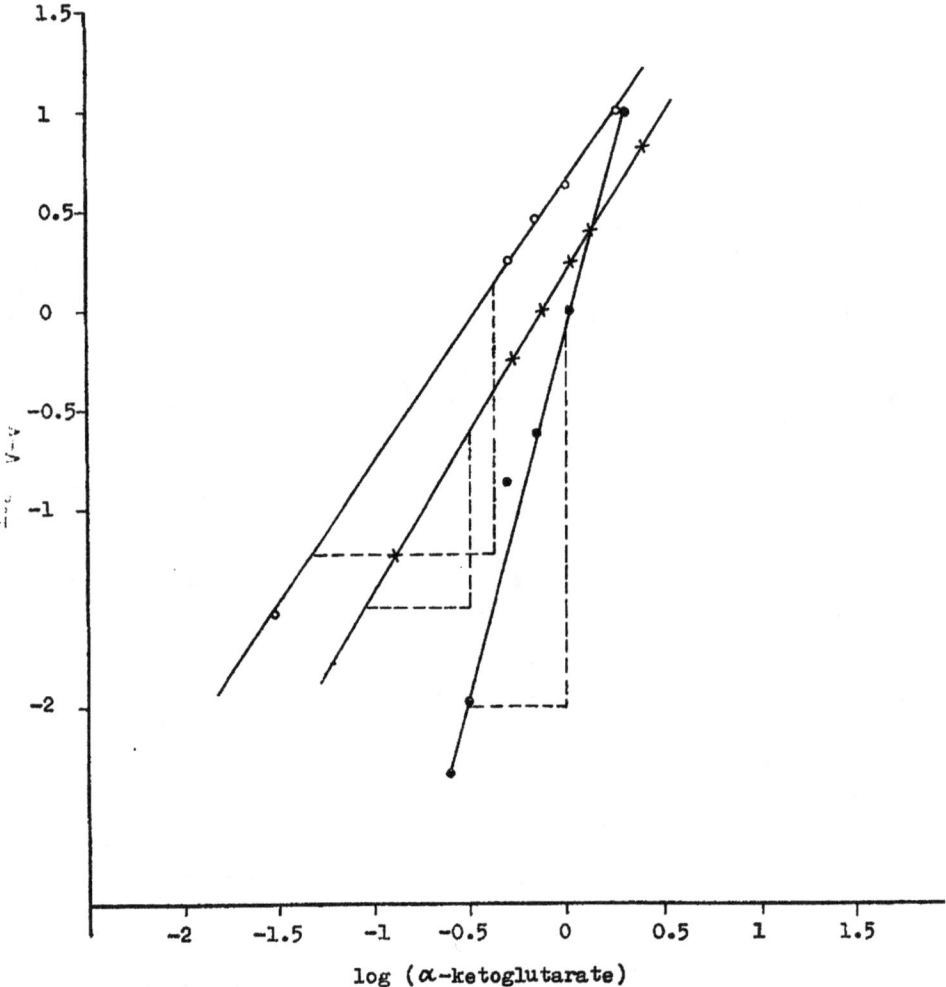

Fig.(16): K̄ determination for isoenzyme (II, III, IV) by using Hill
method in sera of patient with obstructive Jaundice
(log $\frac{v}{V-v}$ vs. log(s)). The reaction was carried at
different conc. of α-ketoglutrate (0.34, 0.52, 0.66, 1.0,
1.33, 1.66, 2.02) mM and optimal conc. of Aspartic acid for
each isoenzyme.

X——X   represent isoenzyme II
●——●   represent isoenzyme III
○——○   represent isoenzyme IV

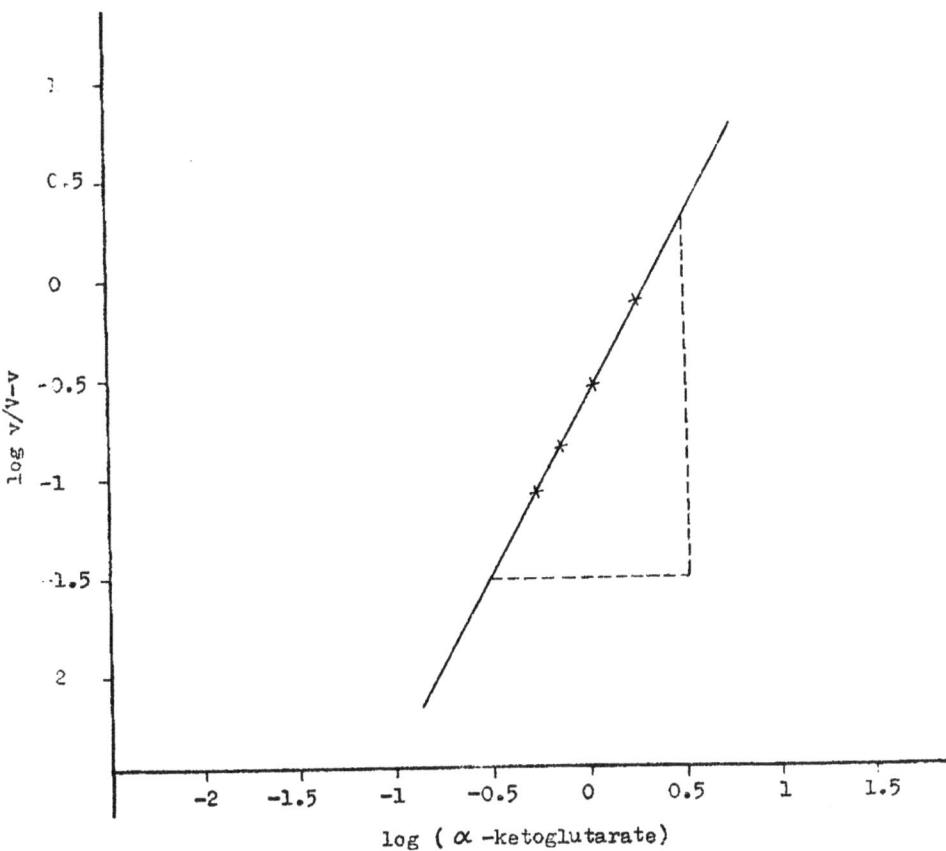

Fig.(17): $\bar{K}$ determination for isoenzyme I by using Hill method in sera of patient of obstructive Jaundice ($\log \frac{v}{V-v}$ vs. log (s)). The reaction was carried at different concentration of α-ketoglutarate (0.34, 0.52, 0.66, 1.0, 1.33, 1.66, 2.02) mM. and optimal concentration of Aspartic acid for isoenzyme (I) (172.5×10^{-3} M).

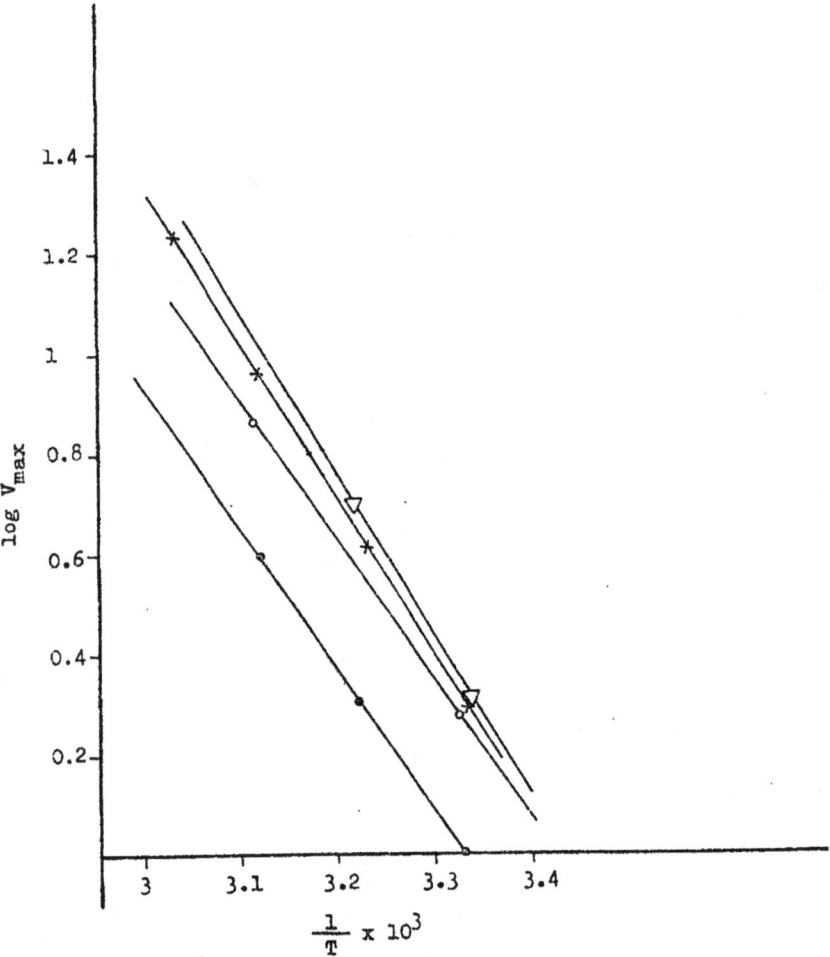

Fig.(19): Effect of different temperature upon the activity of each
isoenzyme I, II, III, IV by plotting log V_{max} vs. $\frac{1}{T}$ for
sera of obstructive Jaundice. V_{max} was determined at
different temperature (27°, 37°, 47°, 57°, 67°).
Incubation time was for 1 hour with optimal substrate
concentrations at pH 7.4 .

x———x   represent isoenzyme I
•———•   represent isoenzyme II
△———△   represent isoenzyme III
o———o   represent isoenzyme IV

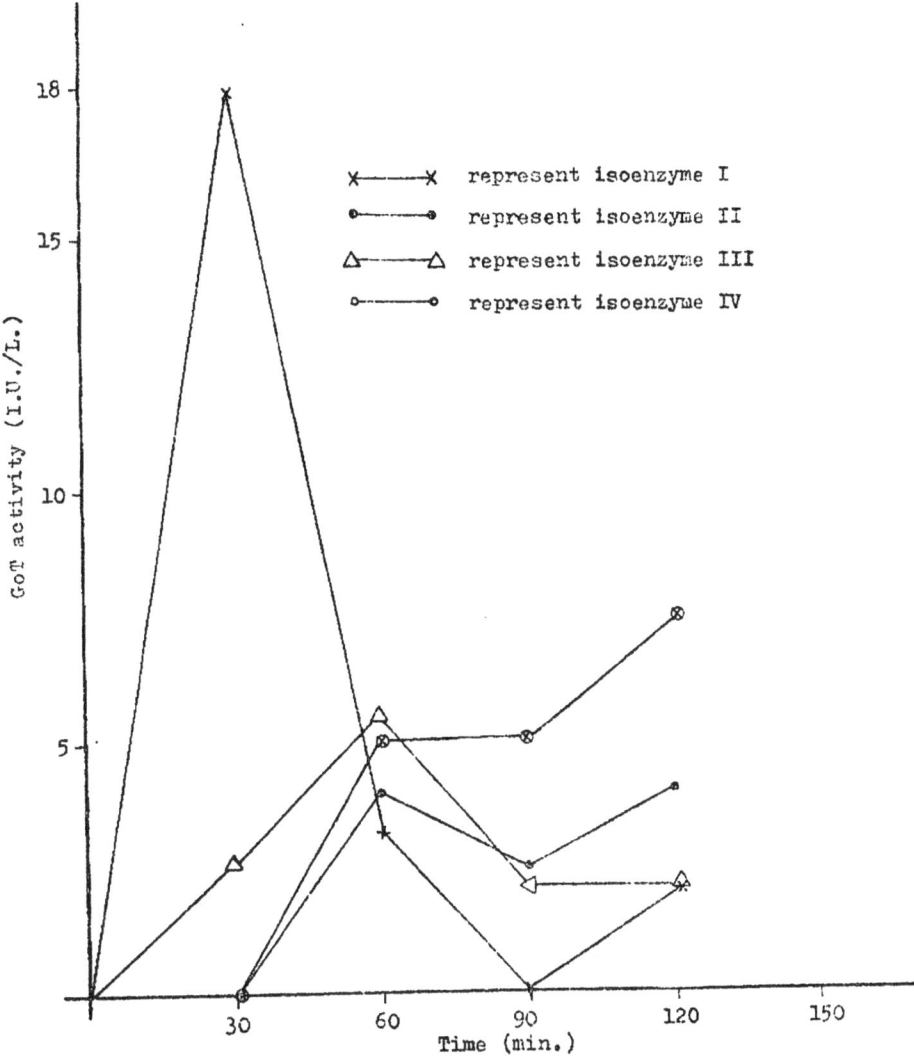

Fig.(20): Effect of time of incubation upon activity of GoT isoenzyme
(I, II, III, IV), velocity vs. time of incubation). The
reaction was carried at different time of incubation (15, 30,
60, 90, 120) (min.), using 0.1 M potassium phosphate buffer.
GoT activity was determined at optimal condition of each of
substrate concentration and temperature and pH 7.4 for each
isoenzyme .

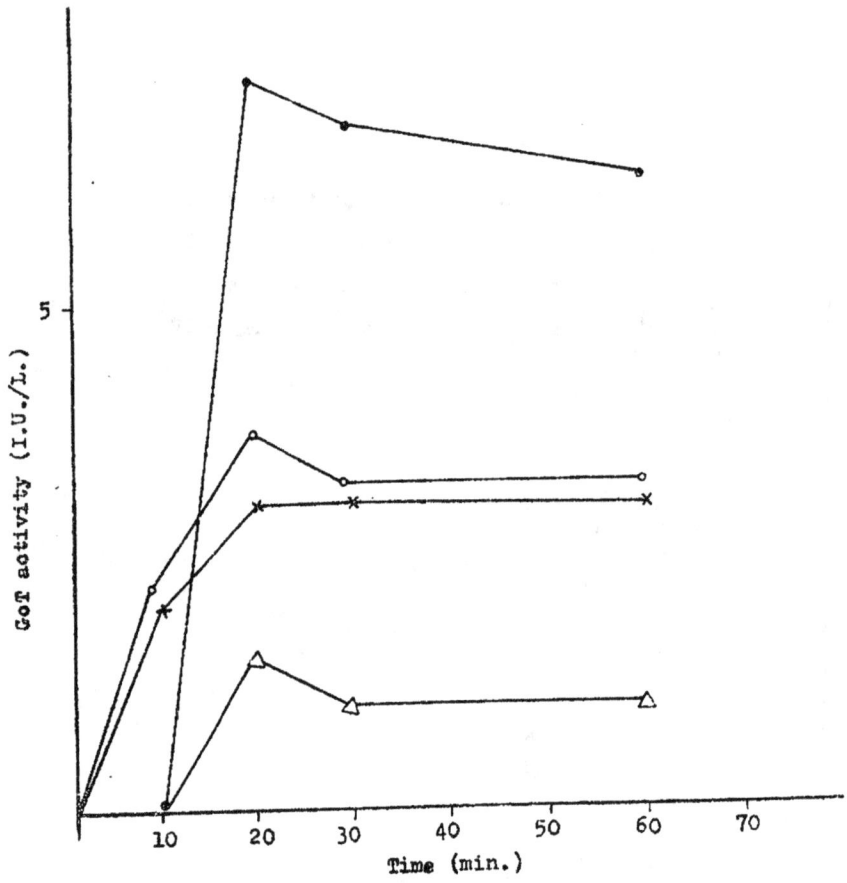

Fig.(21): Effect of time of incubation upon isoenzymes (I, II, III, IV) activities in sera of patient of obstructive Jaundice. The reaction was carried by using low concentration of α-ketoglutarate. All other details are explained in the text.

x————x   represent isoenzyme I
o————o   represent isoenzyme II
△————△   represent isoenzyme III
o————o   represent isoenzyme IV

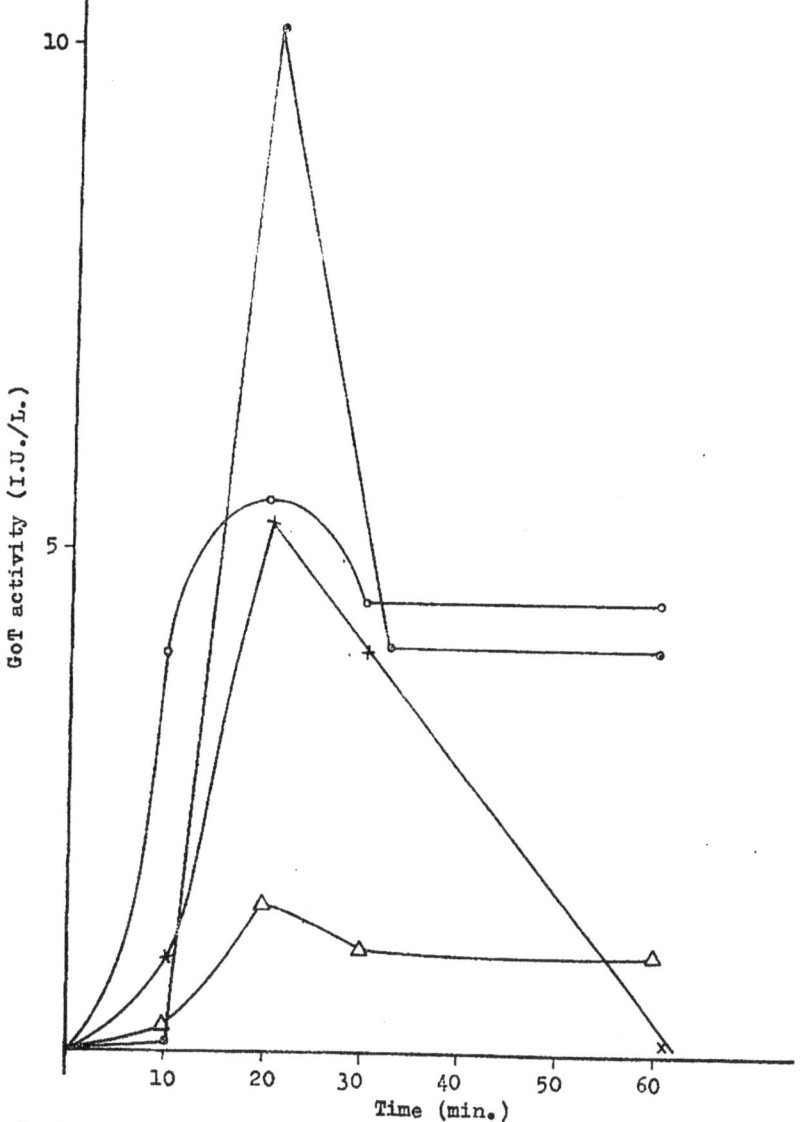

Fig.(22): Effect of time of incubation upon isoenzymes (I, II, III, IV)
activities in sera of patient with obstructive jaundice.
The reaction was carried by using low concentration of
Aspartic acid. All other details are explained in the text.

X————X   represent isoenzyme I
•————•   represent isoenzyme II
△————△   represent isoenzyme III
○————○   represent isoenzyme IV

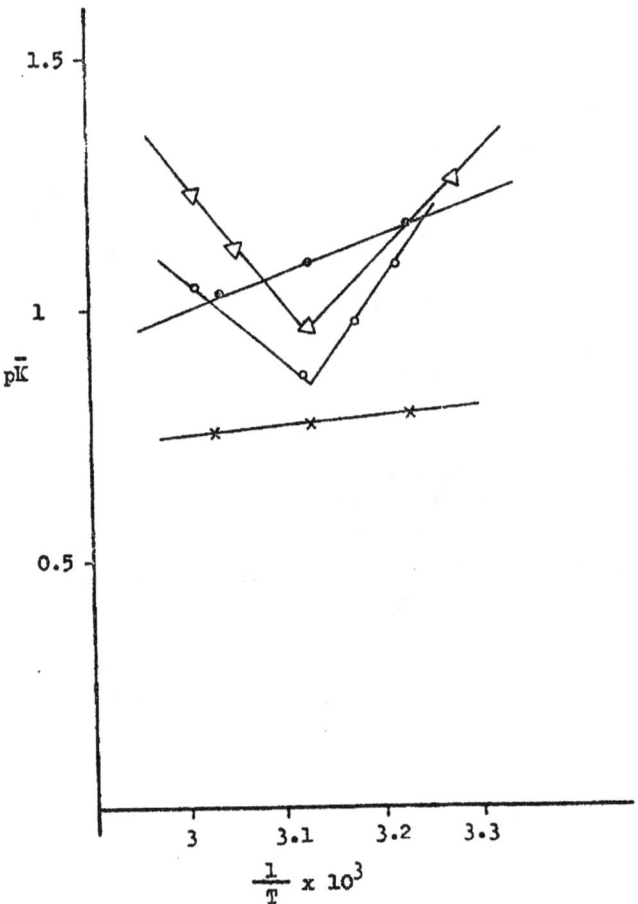

Fig.(23): The effect of temperature on p$\bar{\text{K}}$ of isoenzyme (I, II, III, IV) for sera of patient with obstructive Jaundice $\bar{\text{K}}$ was determined by Hill method.

x———x   represent isoenzyme I
△———△   represent isoenzyme II
o———o   represent isoenzyme III
o———o   represent isoenzyme IV

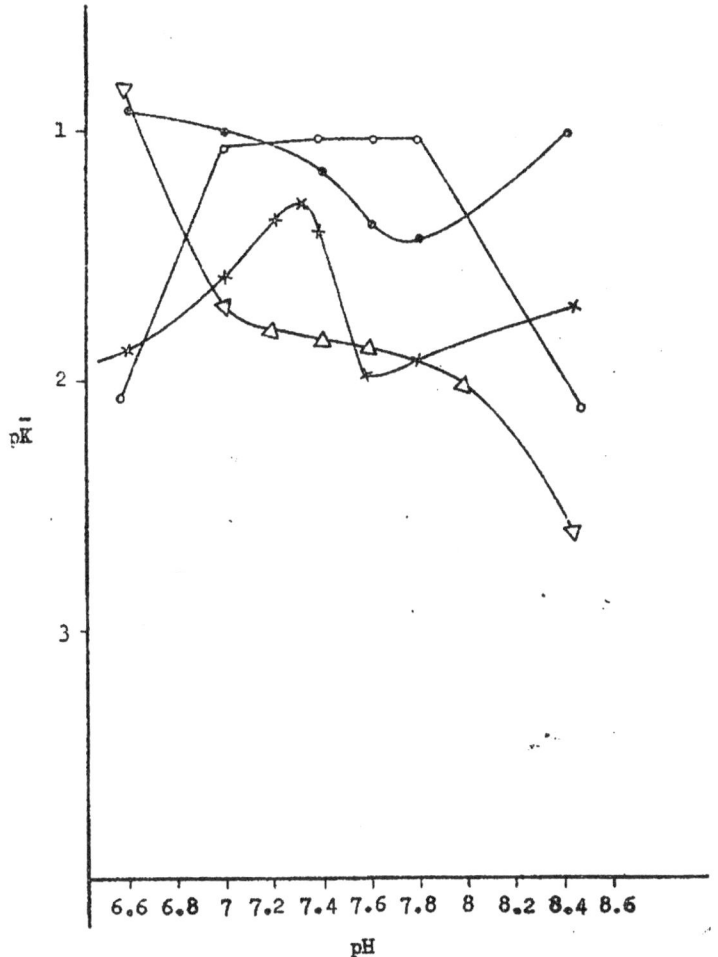

Fig.(24): The effect of pH on p$\bar{\text{K}}$ (Aspartate) for GoT isoenzyme
(I, II, III, IV) velocity measurement were taken at
different Aspartate concentration (55.5, 92.5, 120,
166.5, 172.5) mM in the presence of potassium
phosphate buffer (0.1 m) at different pH values
(6.6, 7.0, 7.2, 7.4 7.6, 7.8, 8, 8.5).

x———x   represent isoenzyme I
•———•   represent isoenzyme II
△———△   represent isoenzyme III
○———○   represent isoenzyme IV

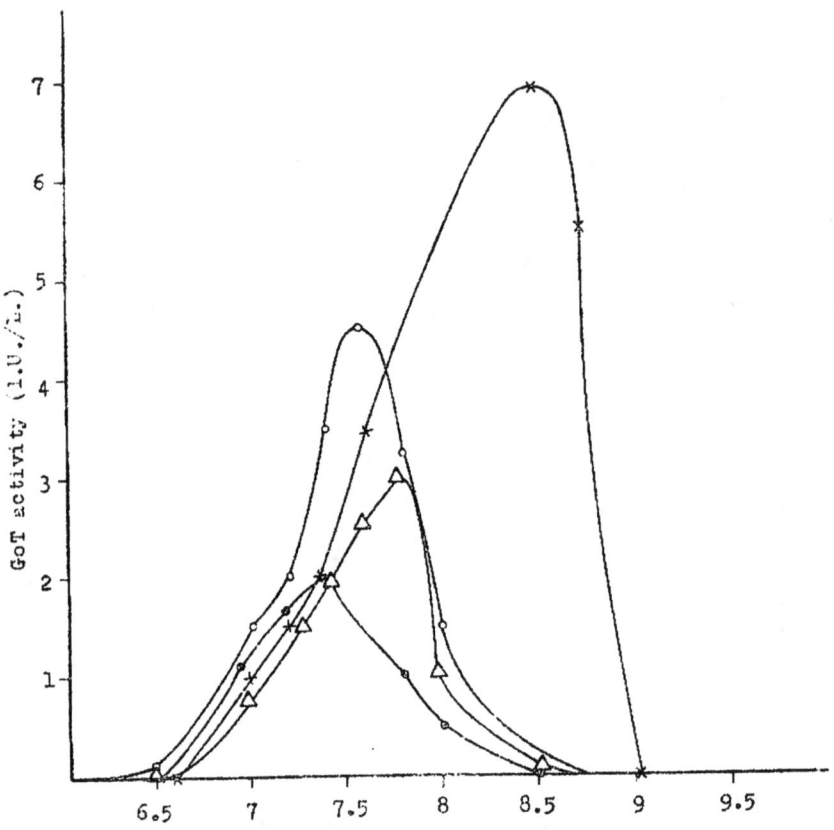

Fig.(25): Effect of pH upon activity of GoT isoenzyme (I, II, III, IV), velocity vs. pH. The reaction was carried out at different pH values (6.6, 7, 7.2, 7.4, 7.6, 7.8, 8, 8.5) using 0.1 M potassium phosphate buffer. GoT activity was determined at optimal condition.

●————○   represent isoenzyme I
×————×   represent isoenzyme II
△————△   represent isoenzyme III
○————○   represent isoenzyme IV

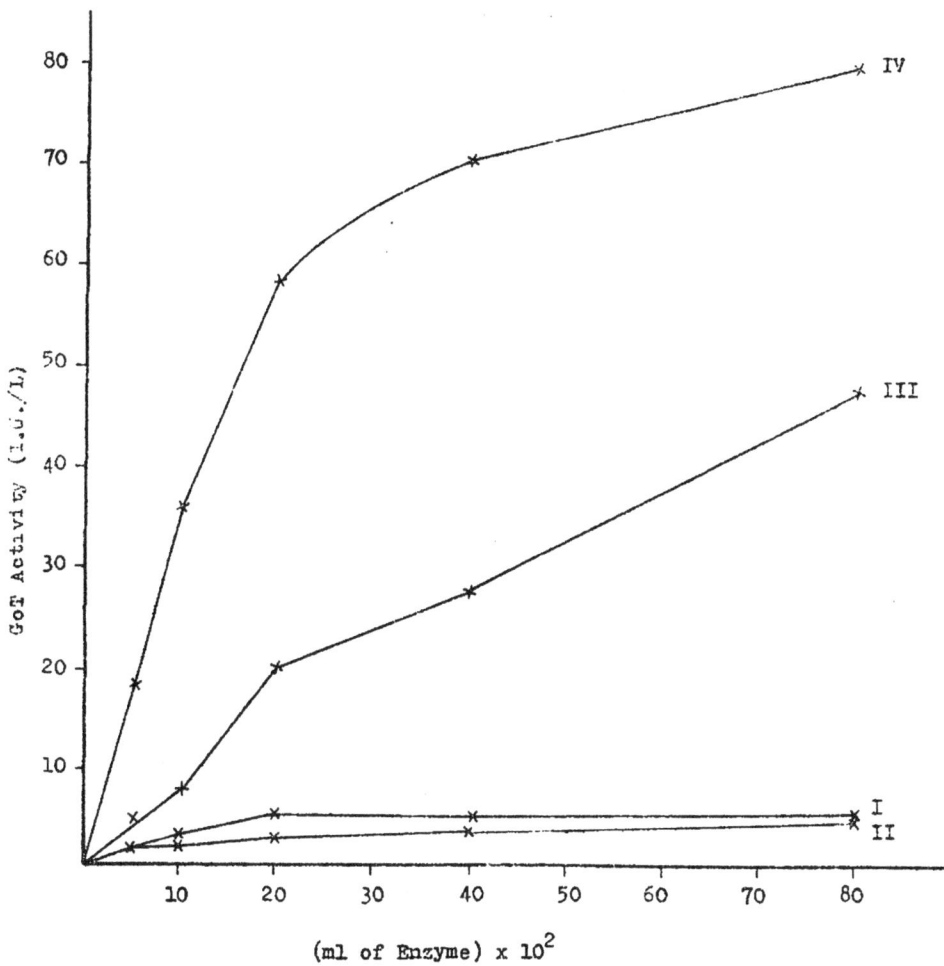

Fig.(26): Effect of GoT isoenzymes conc. upon the reaction by plotting
velocity vs. different conc. of isoenzymes I, II, III, IV
in sera of patient of obstructive Jaundice GoT activity was
determined at optimum conc. of substrate, time, temp.

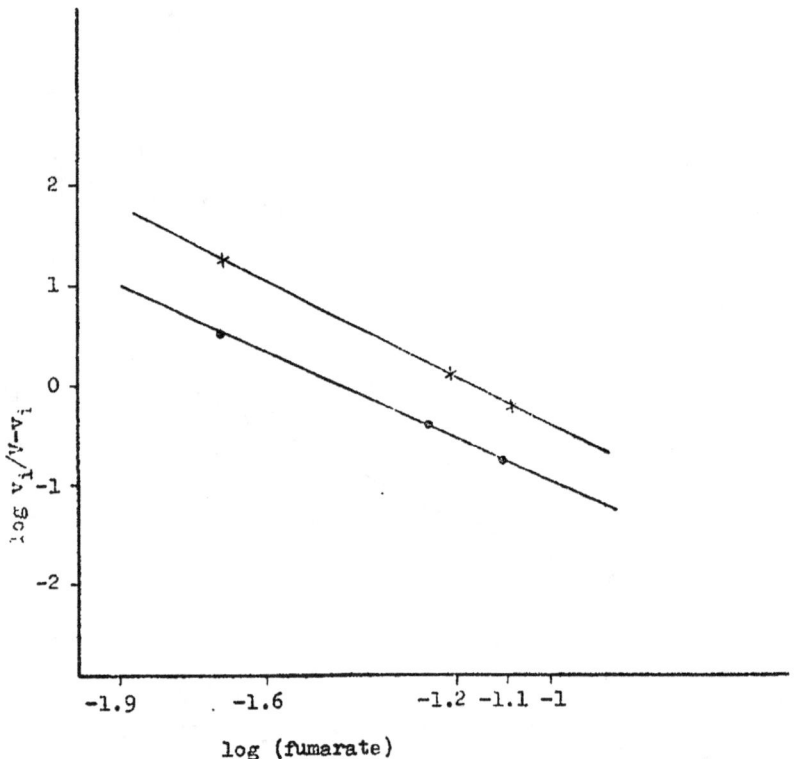

Fig.(27): Determination of the type of inhibition of GoT
         isoenzyme I by fumaric acid (0.02-0.08) mM in
         presence of (55-172.5) mM aspartic acid and
         1.66 mM of α-ketoglutaric acid.

x———x   represent the presence of 120 mM L-Aspartic
•———•   represent the presence of 166.5 mM L-Aspartic

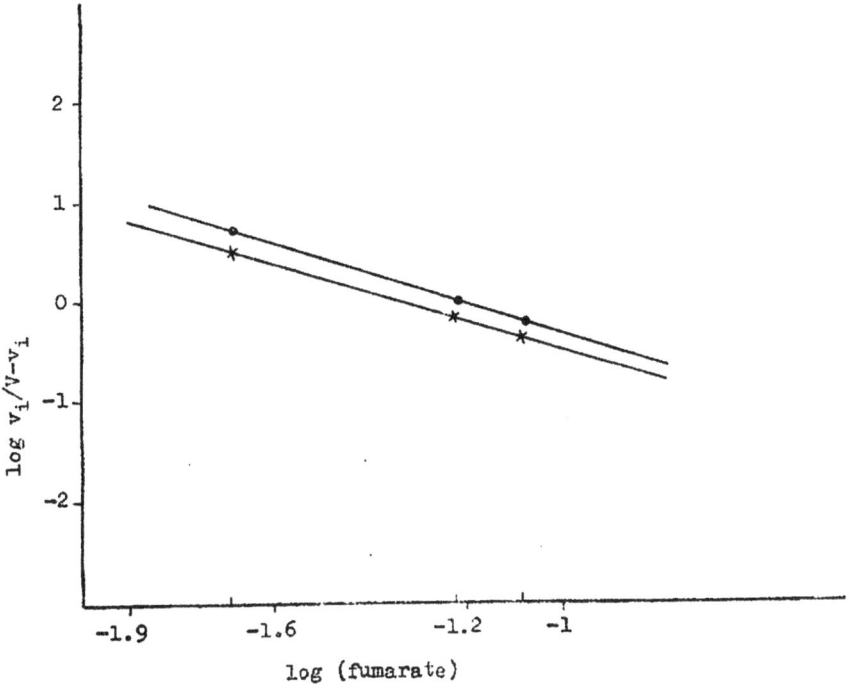

Fig.(29): Determination of the type of inhibition of GoT isoenzyme III by fumaric acid (0.02-0.08) mM in presence of (55-172.5) mM Aspartic acid and 1.66 mM of α-keto glutarate.

x——x represent the presence of 120 mM Aspartic

o——• represent the presence of 166.5 mM Aspartic

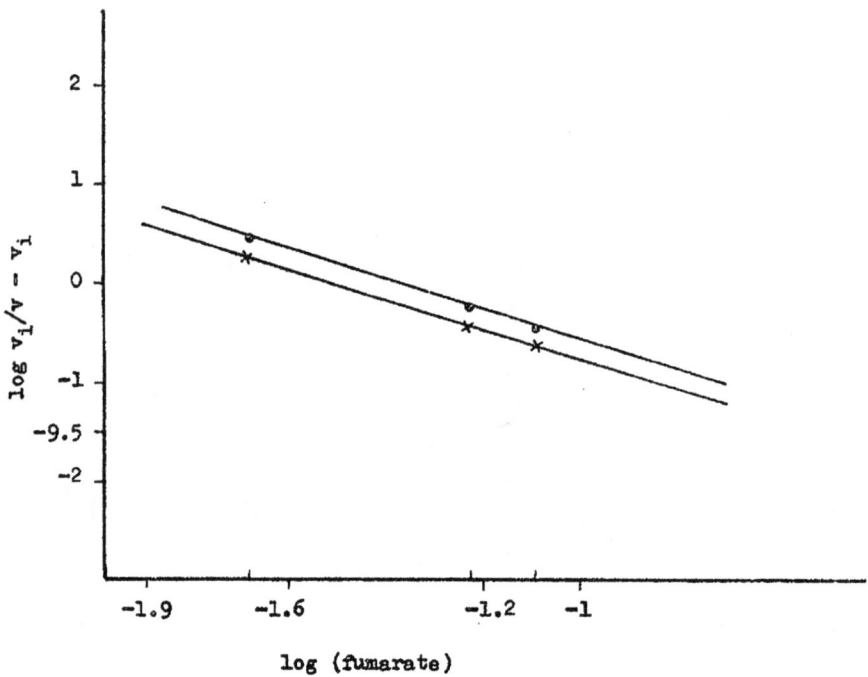

Fig.(30): Determination of the type of inhibition of GoT isoenzyme

       IV by fumaric acid (0.02-0.08)mM in presence of

       (55-172.5) mM Aspartic acid and 1.66 mM of α-ketoglutarate.

x——x   represent the presence of 120 mM Aspartic

•——•   represent the presence of 166.5 mM Aspartic

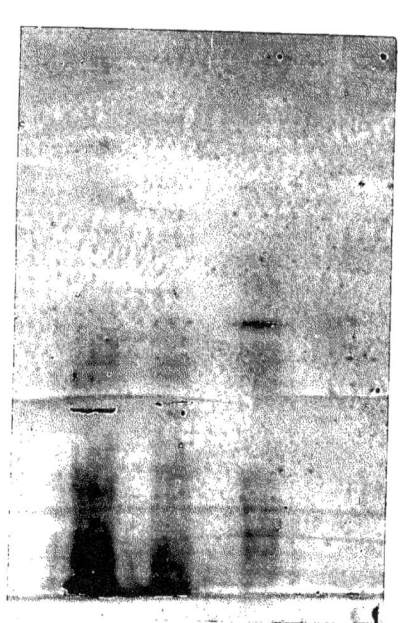

Fig. (31): Photograph of focused and stained GoT
isoenzymes by using LKB 2117 Multiphon
System.

Part (II)

ISOELECTRIC FOCUSING, ANDOTHER PHYSICAL, KINETIC PROPERTIES OF GOT ISOENZYMES ISOLATED FROM SERA OF MYOCARDIAL INFARCTION. PATIENTS

Summary:

Using column chromatography with DEAE-Sephadex A-50, aspartate amino transferase ((L-aspartate: 2-oxoglutarate amino transferase (EC 2.6.1.1))) from sera of myocardial infarction patients was fractionated into two cationic isoenzymes and two anionic isoenzymes.

Isoenzymes I, IV behaved as ordinary enzymes with hyperbolic kinetics and their km values were ob tained graphically by direct linear plot and line weaver burk plot. Isoenzymes II and III displayed sigmoidal kinetics and their $\bar{K}$ values were obtained graphically using Hill Plot.

In addition the effect of enzyme concentration, time of incubation, on the activity of these isoenzymes were studied and found to have (0.2) ml. enzyme and

one hour incubation were enough to carry on the
enzymatic reaction optimally.

With respect to temperature, isoenzymes I,II,
III,IV obey Arrhenius equation and revealed different
pH optimum.

Generally, these isoenzymes were inhibited at high
substrate concentration with the formation of inactive
enzyme-substrate complex, but isoenzyme I was inhibited
non competetively by fumaric acid and uncompetetively
by acetate ion with respect to both substrates. For
further distinguishing of these isoenzymes both electro-
phoresis and isoelectric focusing were used.

INTRODUCTION:

Purified preparations of aspartate amino trans-
ferase (EC 2.6.1.1) from several sources have been
found to consist of at least two distinct electrophore-
tically seperable fractions, one mygrating to the
anode and the other to the cathode (Nisselbaum + Bodansky
1964); Fleischer et al. 1960; Borst & peeters 1961;
Boyd 1961). Schmidt et al.1967, who could seperate the
twoforms in dialyzed serum by column chromatography
with DEAE-Sephadex A-50 found to detect the presence of
cationic fraction in serum of healthy individuals but
observed its high concentration in acute hepatitis and
cirrhosis. On the other hand, these isoenzymes were
found to be present in the sera of healthy persons
(Al-Mudhaffar et al, 1978), and patients with
Leukemia (Al-Mudhaffar et al; 1978). Fleischer et al,
(1963), demonstrated a marked difference between the
activities of canine-heart isoenzyme I and II when the
pH was varied. The mito chondrial component was
appreciably more stable to heat (Wada & Morino 1964;
Nisselbaum + Bodansky 1966), but the cytoplasmic
isoenzyme was strongly inhibited by inorganic phosphate

(Nisselbaum 1968), also it was found that aliphatic dicarboxylic acids competetively inhibited the pigheart GOT (Jenkins et al, 1956).

In the present investigation, GOT isoenzymes of sera of myocardial infarction patients have been isolated using .DEAE- Sephadex A-50 column chromatography and characterized kinetically and physically by different approaches.

MATERIALS:

Aspartic acid, sodium pyruvate, hydro chloric acid, Na_2H po4, NaH_2po4, 2H20, KH_2po4, H_3po4, glacial acetic acid, H_2S04, Magnesium, Calcium carbonate, NaOH and lanthanum chloride were purchased from BDH co., α-Ketoglutarate, 2,4 dinitrophenyl hydrazine and NaCL were purchased from Hopkin and Williams Co., K_2HP04, glutamic acid, Fumaric acid and sodium acetate were purchased from Riedel Co., sucrose was purchased from Fluka Co., DEAE-sephadex A-50, Ampholine and Ampholine PAG Plates were purchased from pharmacia (Fine chemicals).

METHODS:

Blood samples of myocardial infarction patients of both sexes and of varying ages were obtained by venipuncture, and allowed to clot by standing for 2 hours at room temperature. The serum was seperated by centrifugation at 3500 r pm for 10 min. and pooled together.

Fractionation of isoenzymes was carried out by column chromatography using DEAE Sephadex A-50. The exchanger (0.5g) was suspended in 0.008 M sodium phosphate buffer (pH 7.0) for 24 hour, the buffer being changed three times. The slurry was packed in to acolumn (1 x 20 cm) at $4^{o}C$ to a final height of settled suspension of 8 - 9 cm, and washed repeatedly with the phosphate buffer. Serum (1 ml.) was then applied to the column and, after it had soaked there in, elution was performed first with 15 ml. of the above phosphate buffer and then with 15 ml. of increasing concentration of NaCl (0.02 - 0.3M) in phosphate buffer. The eluate was collected in 2 ml. fractions with a flow rate of 1 ml/min.

Aspartate amino transferase activity was deter-
mined colorimetrically (Reitman et al, 1957), and the
protein content of the eluate frachions was calculated
(Kalckar 1947) by measuring absorbance at 260 and 280 nm.

Fractionation of the isoenzymes by microzonal
electrophoresis was performed by Gebbot (Gebbot 1973).

Isoelectric Focusing Determination:

I.   Isoelectric focusing was conducted using a 110ml.
column model 8101 of LKB according to the instructions
of the manufacturer. pH gradients 3-10, were used 2%
Ampholine (W/V) ampholite concentration. The samples
were added to the dense solution. Focusing was
continued for 50 hours at 4°C. the column contents were
collected fractionally (3ml. fractions) and the pH and
protein content of each fraction was determined.

II.   For analytical isoelectric Focusing, the LKB
2117 Multiphor system was used.

    The basic unit, consists of abuffer tank,
atransparent cover and a rectangular cooling plate
made of glass (p. 44). Focusing on the LKB Ampholine
PAG plates was achieved with a constant power supply.

    The sample used was both, salt free and
particle free since high salt concentrations, interfere
with PH gradient formation resulting in distored
protein patterns while particles present in the
sample, may be trapped at the place of application
causing tailing by constantly leaking protein material
(Winter et al., 1977)

The freezer-dried isoenzymes were resolubilized
in the minimum quantity of water and spun down at 1000g.
for (10) minutes. The protein content of the supernatant
was determined by the method of War burg and christian
(1941) and adjusted to 5 - 10 protein/ml.

The pAG plate with aPH range 3.5 - 9.5, was put
on the template already placed on the cooling plate.
Some insulating fluid (light parrafin oil) was applied
between the cooling plate and the template and between
the latter and the PAG plate avoiding entrapping air
bubbles. Two electrode strips soaked in the proper
electrode solution (1M NaOH for the cathodic strip and
1M phosphoric acid for the anodic strip) were placed on
the gel as indicated by the template, the cover was put
inposition and focusing was per formed for 30 minutes,
setting the power supply for 1400 V and 24 W. This
allowed pH gradient formation prior to sample application.
Subsequently, the protein samples were applied to the
gel by means of whatmann 3 mm(0.5 x 1 cm.) sample
application pieces which were Saturated with the Samples
and placed at 2 cm distance from the cathodal edge
(....43-44). After further 30 minutes focusing, the
page

sample application pieces were removed with forceps and the run was continued for another hour.

The pH gradient was then measured while the PAG plate was still in position using surface glass electrode taking one determination per centimeter distance (standardization of electrode and pH measurements were performed at the same temperature as used during focusing).

Focusing was then continued for another 10 minutes to restore the sharpness of zones which might have diffused during pH measurement. Then the gel was treated as follows (winter et al., 1977):

(a) The proteins were fixed by immersing the gel in the fixing solution (17.3 gm of sulphosalicylic acid and 57.5 gm trichloroacetic acid in 500 ml. of water) for 0.5-1 hr.

(b) The gel was placed in destaining solution(500ml. ethanol, 160 ml aceticacid, 1340 ml water) for 15 to 30 minutes to Wash out the Ampholine present.

(c)   The gel was stained by dipping in the staining
       solution (0.46g coomasie Brilliant Blue R250 in
       400 ml destaining Solution) for 10 minutes at
       60°C.

(d)   Excess stain was removed by immersing the gel in
       destaining solution (frequent changes) until
       atotally clear background was obtained (this
       usually required overnight destaining).

(e)   The stained gel was preserved by immersing the
       fully destained gel in destaining solution contain-
       ing 10% (v/v) of glycerol for 0.5-1hr. A cellophane
       sheet soaked in the same solution for afew minutes,
       was wrapped around the gel and the supporting glass
       plate, avoiding trapping air. The Wrapped gel
       was allowed to dry at room temperature.

RESULTS AND DISCUSSION:

Serum GOT activity was significantly increased
in all cases of myocardial infarction studied, and the
range of enzyme level in the sera of patients with myo-
cardial infarction was (20 - 85) I.U./L., while that
for normal sera was (6 - 17) I.U./L.(Table 1).

GOT rises abruptly after amyocardial infarction
has occured due to leakage of the enzyme in to the
serum from the necrotic myocardium.

Four distinct isoenzymes (Fig. 1,2) were obtained,
isoenzyme I (First peak) and isoenzyme II (second peak)
eluating with phosphate buffer and isoenzyme III and IV
eluating with NaCL, and their purity are mentioned in
(Tables 2 & 3). The chromatographic technique described
in this work is sensitive enough to detect as little as
0.2 I.U./L of the enzyme activity and less time consu-
ming than the method described by schmidt et al,(1967).
Using microzonal electrophoresis (Fig 4) to that
isoenzymes of myocardial infarction sera, it was noticed

that isoenzymes I,II & IV yielded one single proteinband located at areas corresponding to γ-globulin and α_1-globulin and albumin respectively, while isoenzyme III was not able to yield any protein band, may be because of its high degree of purification.

Isoelectric focusing:

(1) Four active peaks could be seperated by isoelectric focusing, as was expected on the basis of ionexchange chromatography (Fig.5a). The isoelectric points of these fractions were 10.8, 5.7, 4.6, 2.4 corresponding to the isoenzymes I, II, III, IV.

(2) Electrofocusing is a very special electrophoretic technique by which proteins are seperated according to their iso-electric points in a stable pH-gradient. Proteins differing by only afew hundreths of a pH unit intheir iso-electric points may be resolved by electrc focusing in thin layers of poly acrylamide gels (Fig. 5b.):-

Isoenzyme   I : could not be resolved into
                  clearly visible bands possibly
                  due to its low solubility, which
                  may have been caused by freez
                  drying or by Dialysis.

Isoenzyme II : was resolved into at least (4)
                  visible bands with pI's (5.0),
                  (4.7), (4.2), (4.1).

Isoenzyme III : exhibited few bands, cathodically
                  in the pH range (6.5 - 8.7).

Isoenzyme IV : clearly revealed the presence of
                  at least 6 sharply resolved
                  bands with pI (4.85), (4.8),(4.6),
                  (4.5),(4.4),(4.3).

Determination of Molecular Weight by Osmotic Pressure Method:

The molecular weight of the four GOT isoenzymes were
determined by this method and were obtained to be 164665,
131503, 191278, 157804 for isoenzymes, I, II, III, IV
respectively (Figs.   6 - 9).

Absorption Spectra of GOT Isoenzymes in Myocardial

Infarction Patients:-

Figs.(10-13) shows the spectral curves for each isoenzyme in serum of patients with myocardial infarction.

Different curves for these four isoenzymes were obtained. The substrate effect on the spectra was obtained which is probably due to the protonated enzyme and its complex with α-ketoglutarate.

Kinetic Properties of GOT Isoenzymes:

Fig. (15) shows the effect of enzyme concentration on the velocity of the reaction for GOT isoenzymes I, II, III and IV, the activity was increased with increasing enzyme concentration, and the relation ship between the time of reaction and its velocity is shown in table (4) which is one hour, the optimum time obtained in this experiment.

Figs. (16, 17) shows the hyperbolic nature for isoenzymes I and IV; their optimum substrate concentration being 166.5 mM and 1.66 mM, 1.3 mM for aspartate and α-ketoglutarate respectively. But isoenzymes II and III showed sigmoidal shape, obeying Hill equation.

The n value for both isoenzymes was 3 (Figs. 24, 25) suggesting that each is build of 3 units with positive cooperativity (Taketa et al, 1965).

Effect of temperature on the reaction rate:

Fig. (18) shows the effect of temperature on the rate of the enzymativ reaction, the optimal temperatures at which maximum velocity obtained were 59°, 59°, 45°, 37^oc for isoenzymes I, II, II and IV respectively (Table 4), isoenzymes I, II exhibits higher temperature optima than the isoenzymes III, IV.

Fig. (19) show the Arrhenius plot of the same data, the graph of Arrhenius plot has a discontinuity slope and approximates to two straight lines meeting

at different temperatures. Isoenzymes I, II obeyed
Arrhenius equation until 59°C, while isoenzyme III
obey this equation until 45°C, also isoenzyme IV
obey this equation until 37°C. The activation energy
(Ea) and Q10 of each isoenzyme were presented in Table
(6), the Q10 values obtained were confirming the state--
ment that, Q10 value for enzymatic reaction ranges
between 1 and 2 (Dawes 1964).

pH Optimum:

As shown in Fig. (20) and Table (4) that isoenzymes
I, II, III and IV exhibit amaximum of activity pH 7.6,
8.5, 7.8 and 7.4 respectively in 0.1 M Phosphate buffer
(and optimum temperature for each isoenzyme).

The pH optimum for isoenzyme I is similar to
isoenzymes III & IV and about one unit lower than
isoenzyme II.

Fig (21) represents the plotting of log V vs.
pH, the pK's of the groups present in or near the active
site could be determined and it was found that from the

pK values obtained, one can suggest that cystine residue
present at the active sites of the four GOT isoenzymes
(Dixon & Webb 1966) and this is similar to that
obtained by Bocharov et al(1973) for the cytoplasmic
isoenzyme.

Km Values:

Determination of apparent Michaelis constants
(Km) of isoenzymes I, IV were graphically derived from
Eisenthal cornish-Bo-Wden plot using different concentra-
tions of aspartic acid and γ-ketoglutarate (Figs. 22,23).
The values of km (aspartic) for GOT isoenzymes I, IV were
(30×10^{-3}) M, (39×10^{-3}) M, while the values of Km
(γ-ketoglutarate) were (0.5×10^{-3}) M, (0.222×10^{-3})M
respectively (Table5), these different values of Michaelis
constant (Km) suggested the existence of at least two
enzymes and that these enzymes have different affinities
toward the substrate used.

Effect of pH on Apparent Km of Aspartic Acid for Isoen-
zymes I, IV:

Fig. (26) shows the effect of pH on Km for GOT
isoenzymes I, IV, whereas Km (aspartic) were determined
from the Direct linear method over a pH range (6.2 - 8.6),
the pK values obtained from plotting pKm vs. pH were
identical to those obtained by plotting log v vs. pH.

Inhibition of GOT isoenzymes I, II, II and IV by Fumaric
Acid and Acetate Ion:-

The effects of some inhibitors were studied with
all isoenzymes Fig. (27) show the non competetive inhib-
ition of isoenzyme I by Fumaric acid with respect to
aspartic acid and ⍺ -ketoglutarate, also isoenzyme I
was inhibited uncompeletively by acetate ion with
respect to both substrates.

The non competetive inhibition by Fumaric acid
can be represented by the following mechanism:-

$$\text{GOT + Aspartic} \underset{\text{or}}{\overset{Ks}{\rightleftharpoons}} \text{GOT--Aspartic} \overset{Kp}{\dashrightarrow} \text{GOT+Oxaloacetate}$$

+	α – Ketoglutarate	+	or

Ki $\Big\downarrow$ I
  $\qquad\qquad$ Ki $\Big\downarrow$ I
  $\qquad\qquad$ Glutamic acid

$$\text{EI + Aspartic} \overset{Ks}{\dashrightarrow} \text{GOT--aspartic -- I.}$$

While (Fig. 28) show the uncompetetive inhibi-
tion of isoenzyme I by acetate ion through the following
mechanism:

$$\text{GOT+ } \alpha\text{ --Ketoglutarate} \overset{Ks}{\rightleftharpoons} \text{GOT-- } \alpha \text{ --Ketoglutarate} \dashrightarrow \text{GOT +}$$

$$\begin{array}{cc} \text{or} & \qquad + \qquad \text{glutamets or} \\ \text{Aspartic acid} & \qquad \text{I} \qquad \text{oxaloacetate} \end{array}$$

$$\Big\updownarrow \text{Ki}$$

$$\text{GOT-- } \alpha \text{ --Ketoglutarate -- I}$$

Ki values for isoenzymes (II,III) were determined by using
the Plot log vi/v--vi vs. log (I)(Figs. 29, 30).

Table (9) shows the Ki values for isoenzymes II,
III with respect to aspartic acid and α--Ketoglutarate,
and table (7) shows the degree of activation. of

isoenzyme IV by Fumaric acid, acetate ion, while table
(8) shows the degree of inhibition of isoenzymes I,II
and III by the same inhibitors.

Magnesium, Calcium determination of the GOT isoenzymes
I,II,III and IV, in myocardial infarction patients:

       Table (10) reveals the concentration of Mg & Ca
in GOT isoenzyme fractions I,II,III & IV, measured in
mM/litre. The table also shows that both Mg & Ca.
concentrations were low in isoenzyme fraction IV in
comparison to their concentrations in isoenzyme fractions
I,II & III, while the latter 3 isoenzyme fractions (I, II
& III) contained similar concentrations of both Ca & Mg,
with Ca exhibiting a higher concentration than Mg in all
three isoenzyme fractions.

REFFERENCES

AL-MUDHAFFAR, S.A. and AL-SALIHI, F.G. (1978): GOT Isoenzymes in normal human serum and their kinetics. Folia Biochimica et Biologica Graeca. Vol. XIV. p. 35.

AL-MUDHAFFAR, S.A. and AL-SALIHI, F.G. (1978): Further Studies on GOT Isoenzymes I, II, III of normal human serum. Folia Biochimica et Biologica Graeca. Vol. XIV p. 44.

AL-MUDHAFFAR, S.A. and Hassan, F. (1978): Ultracentrifugation analysis (SCHLIEREN MOVING BAND DIAGRAM) of glutamic aspartic transaminase (EC 2.6.1.1.) isoenzymes. Folia Biochimica et Biologica Graeca. Vol. XIV. p. 54.

BOCHAROV, A.L., DEMIDKINA, T.V., KARPEISKII, M.Ya. and POIYANOVSKII (1973): Selective modification of tyrosine and cysteine residues in aspartate amino transferase from pig heart cytosol. Bichem. Biophys. Res. Commun. 50, 377.

.22.

BORST, p. and PETERS,E.M.(1961): Intracellular
          localization of glutamate oxaloacelate
          transaminases in heart. Biochem.Biophys.
          Acta.54, 188.

BOYD,J.W.(1961): The intracellular distribution,
          Latency and electrophoretic mobility of
          L-glutamate-oxaloacetate transaminase from
          rat liver. Biochem. J. 81, 439.

CORNISH-BOWDEN,A.(1976): In Principle of enzyme Kinetics,
          Ist ed.,p. 120, Butter Worth, London.

DAWES,E.A. (1964): in comprehensive Biochemistry
          (florkin; M., and Stotz,E.H.) Vol. 12, Chap.
          IV, p. 104, Elesevier, Amsterdam.

DIXON,M. and WEBB,C.E.(1966): in Enzymes, 2nd ed.,p.116,
          Longmans, London.

EISENTHAL,B. and CORNISH-BOWDEN, A.(1974): A new
          graphical procedure for estimation of
          enzyme kinetics parameters. Biochem. J.139,
          715.

FLEISCHER,G.A., POTTER, C.S. and WAKIM, K.G. (1960): Proc. Soc. Exp. Biol. Med. 103,229.

FLEISCHER,G.A. and WAKIM, K.G. (1963): Disappearance rates of glutamic-oxaloacetic transaminase II(GOT II) under various conditions. J.Lab. clin. Med. 61, 86.

GEBOTT,M.D. (1973); in Microzone Electrophoresis manual, Beckman instruments, California.

HILL,A.V, (1916): J. Physiol. 4, iv - vii.

JENKINS, W.T., YPHANTIS,D.A. and SIZER, I.W. (1959): Glutamic-aspartic transaminase I-Assay, Purification, and general properties. J. Biol. Chem. 234, 51.

KALCKAR, H.M. (1947): J. Biol. Chem. 167, 461.

NISSEL BAUM,J,S. and BODANSKY,O. (1964): Immunochemical and Kinetic properties of anionic and cationic glutamic-oxaloacetic transaminases seperated from human heart and human liver, J.Biol. Chem. 239, 4232.

.24.

NISSELBAUM,J.S. and BODANSKY,O. (1966): Kinetics and
        electrophoretic properties of the isoenzymes
        of aspartate amino transferase from pig
        heart, J.Biol.Chem. 241, 2661.

NISSELBAUM,J.S.(1968): Effects of phosphate and other
        anions on measurement of the activities of
        the isoenzymes of rat liver aspartate amino
        transferase. Anal. Biochem. 23, 173.

REITMAN, S. and FRANKEL,S.(1957): A colorimetric method
        for the determination of serum glutamic
        oxaloacetic and glutamic pyruvic transaminase.
        Amer. J.Clin. Pathol. 28,56.

SCHMIDT,E.,SCHMIDT,F.W. and MOHR,J.(1967):An improved
        simple chromatographic method for seperating
        the isoenzymes of malic Dehydrogenase and
        glutamic oxaloacetic transaminase. Clin.Chem.
        Acta. 15,337.

SEGEL,I.H.(1975): in Enzyme Kinetics, 1st ed.,p.385
        John Wiely and Sons, New York.

.25.

TAKETA,K. and POGELL,B.M.(1965): Allosteric inhibition
            of rat liver Fructose 1,6 Diphosphatase by
            Adenosine 5⁻-Monophosphate. J. Biol.Chem.
            240, 651,

WADA,H. and MORINO,Y. (1964): Vitamins and Hormones, Vol.
            22, p. 411.

WARBURG,O. and CHRISTIAN,W. (1941): in "Data for Bioch-
            emical Research" (Eds. Dawson,R.M.Elliot,W.H.,
            Elliot, D.C. & Jones, K.M. 2nd Edn. Clarendson
            Press: Oxford pp. 625-626.

WINTER,A.,KRISTINA,EK, & ANDERSON,V; (1977):LKB Applica-
            tion Note,

Table (1)

GOT activity in sera of patients with myocardial infarction and of normal individuals at 37°C

The method of Reitman and Frankel was used for the assay of GOT activity. The reaction mixture was composed of (166.5)mM aspartic acid, (1.66) mM -keto-glutarate and (0.1) M phosphate buffer, pH 7.4. Analysis were commenced on the same day of sample collection. The activity measurements were expressed in I.U./L.

Serum specimen	No. of cases	Activity range (I.U./L.)
Normal	6	6 - 17
myocardial infarction	72	20-85

Table (4)

Optimal conditions for GOT Isoenzymes from sera of patients with myocardial infarction

All details are explained in the text.

Enzyme	Optimum Substrate conc. (mM)		Optimum tempera-ture ^{o}C	Optimum PH	Optimum incubation time (hours)
	Aspartic acid	α-ketoglu-tarate			
GOT					
Isoenzyme I	166.5	1.66	59	7.6	1
Isoenzyme II	166.5	1.66	59	8.5	1
Isoenzyme III	166.5	1.66	45	7.8	1
Isoenzyme IV	166.5	1.3	37	7.4	1

Table (5)

Determination of Km and K̄ values (aspartate and -ketoglutarate) for GOT isoenzymes I, II, III, and IV in sera of patients with myocardial infarction.

Each form was assayed in optimal conditions (Temp., pH) and in one hour incubation time. The velocity of the reaction was determined at the following substrate concentrations (5.33, 18.5, 37.5, 55, 74.5, 96.6, 130, 166.5, 186.5, 222.5) mM for aspartic acid, and (0.05, 0.2, 0.35, 0.665, 1.0, 1.3, 1.665, 2.0 and 2.5) mM for α- ketoglutarate. The experimental data v and (s) were plotted in various forms, the direct linear plot was compared with $1/v$ vs. $1/(s)$. *

Enzyme (GOT)	Substrate	K_m (mM)		$\bar{K}$ (mM)
		Method of plotting		
		$1/v$ vs. $1/s$	Direct linear plot	Hill-plot
Isoenzyme I	Aspartic acid	33.33	30	
	α-keto- glutarate	0.5	0.45	
Isoenzyme IV	Aspartic acid	40	39	
	α-keto- glutarate	0.222	0.35	

<u>Table (5)(contd.)</u>

Isoenzyme II	Aspartic acid	3467.36
	α-keto-glutarate	0.288
Isoenzyme III	Aspartic acid	1584.89
	α-keto-glutarate	0.165

* Linweaver-Burk plot

<u>Table (6)</u>

<u>Activation energy (Ea) and Q10 values for GOT</u>
<u>Isoenzymes I,II,III,Iv in sera of patients</u>
<u>with myocardial infarction</u>

Ea is determined from the slope of the line in the
log Vmax. vs. 1/T plot, while Q10 is calculated as follows:

$$Ea = \frac{2.3\ RT_2T_1\ \log Q10}{10}$$

Enzyme GOT	Ea (cal.)	Q10
Isoenzyme I	7392.098	1.495
Iaoenzyme II	3168.041	1.188
Isoenzyme III	9680.128	1.694
Isoenzyme IV	14080.187	2.1

Table (7)

The degree of activation of GOT isoenzyme IV from serum
of patients with myocardial infarction by acetate ion,
Fumaric acid.

The activity was determined in the presence of (0.1) M
phosphate buffer at pH (7.4) and the following concentra-
tion of activators, acetate ion (0.04)M, Fumaric acid(0.06)M.
optimal conditions of aspartic acid,   —ketoglutarate and
temp. were used for carrying out the reaction.

$$\text{The degree of activation} = \frac{\text{Activity with activator} - \text{Activity without activator}}{\text{activity with activator}} \times 100$$

Enzyme GOT	% activation by acetate ion (0.04)M	% activation by Fumaric acid (0.06)M
Isoenzyme IV	31	37.26

Table (8)

The degree of inhibition of GOT isoenzymes I,II,III
from serum of patients with myocardial infarction by
acetate ion (0.06) M Fumaric acid (0.08) M.

The details are as in table (7)

$$\text{The degree of inhibition} = \frac{\text{activity without inhibitor} \cdots \text{Activity with inhibitor}}{\text{Activity without inhibitor}} \times 100$$

Enzyme (GOT)	% inhibition by acetate ion (0.06) M	% inhibition by Fumaric acid (0.08) M
Isoenzyme I	22.2	51.5
Isoenzyme II	85%	88.30
Isoenzyme III	48.33	75.14

Table (10)

Concentrations of Magnesium and Calcium metals
in the eluated solutions of GOT isoenzymes I,II,III and IV
using atomic absorption spectrophotometer.

The details are mentioned in the text.

Eluated solution	Magnesium conc. mM./l.	Calcium conc. mM./l.
Isoenzyme I	0.161	0.26
Isoenzyme II	0.188	0.3
Isoenzyme III	0.120	0.19
Isoenzyme IV	0.105	0.09

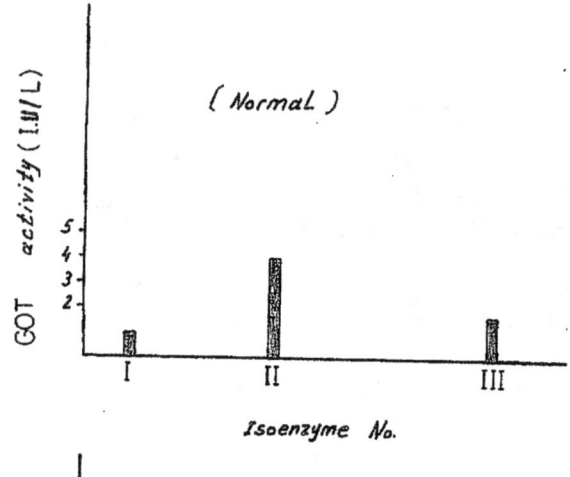

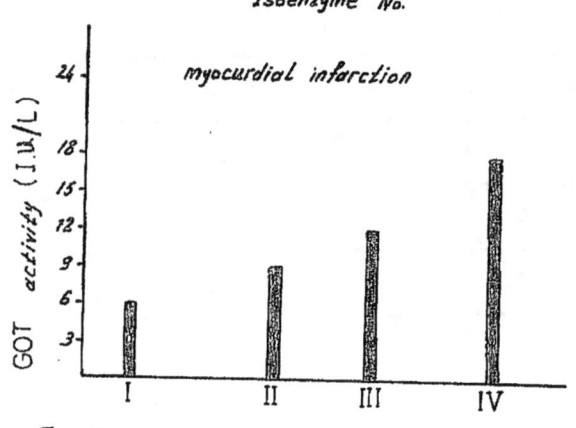

Fig. 3

Isoenzyme No.

Diagramatic representation of GOT isoenzymes of normal
individuals sera compared with that of myocardial
infarction. The activity expressed in I.U./liter [ALL details
are explained in the text].

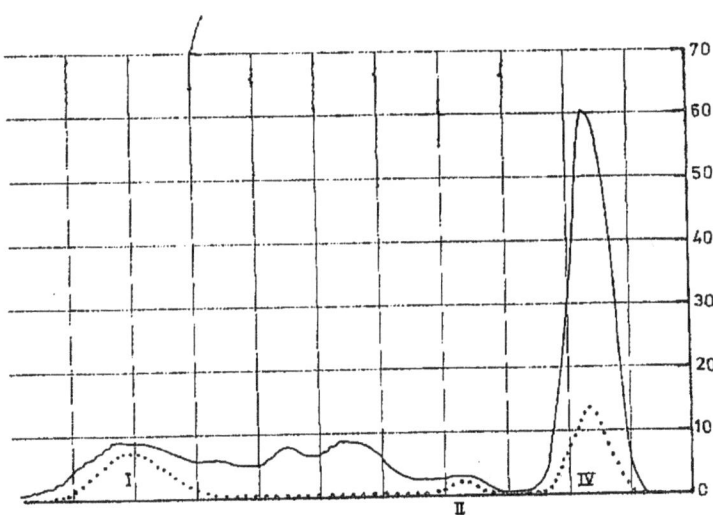

FIG. (4) Microzonal electrophoresis of myocardial infarction
serum proteins and GOT isoenzymes seperated by
chromatography.
All details are explained in the text.

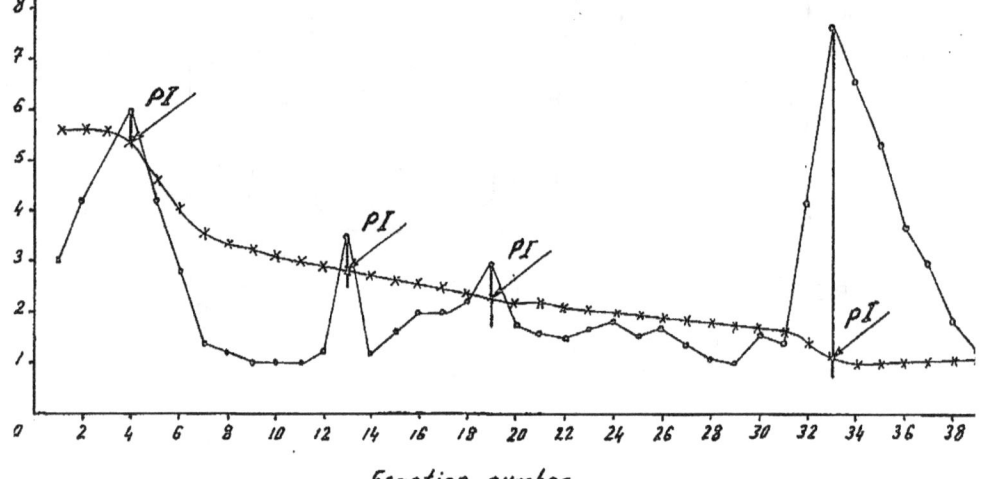

Fig. 5A

Isoelectric focusing of GOT isoenzymes from sera of myocardial Infarction individuals at pH (3.5-10) gradient. protein was determined by reading the absorbance at 280 nm, pH was represented by dotted line.

Fraction number

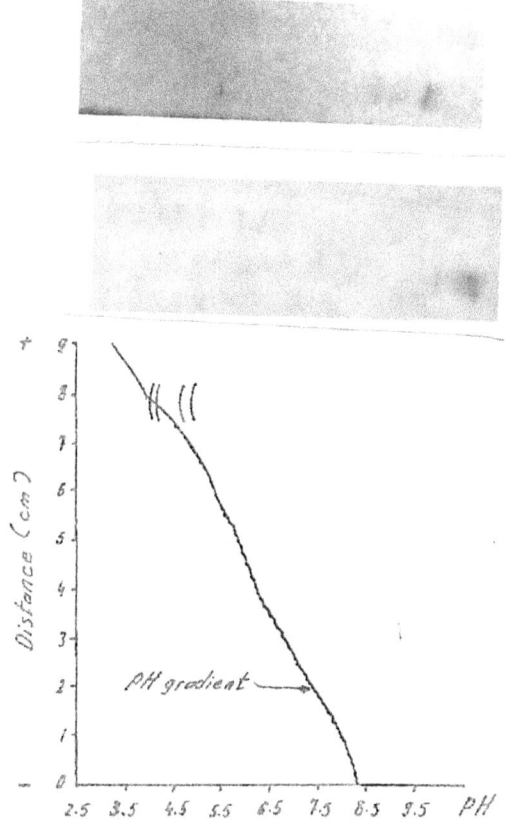

Fig. 5b   Analytical isoelectric focusing of GOT isoenzymes on the LKB Ampholine polyacrylamide gel with a pH range 3.5 - 9.5

1. a photograph of focused and stained GOT isoenzymes.

2. a diagramatic representation of the protein bands of GOT isoenzyme II. The imposed pH gradient was obtained using a surface glass electrode. other details are in the text.

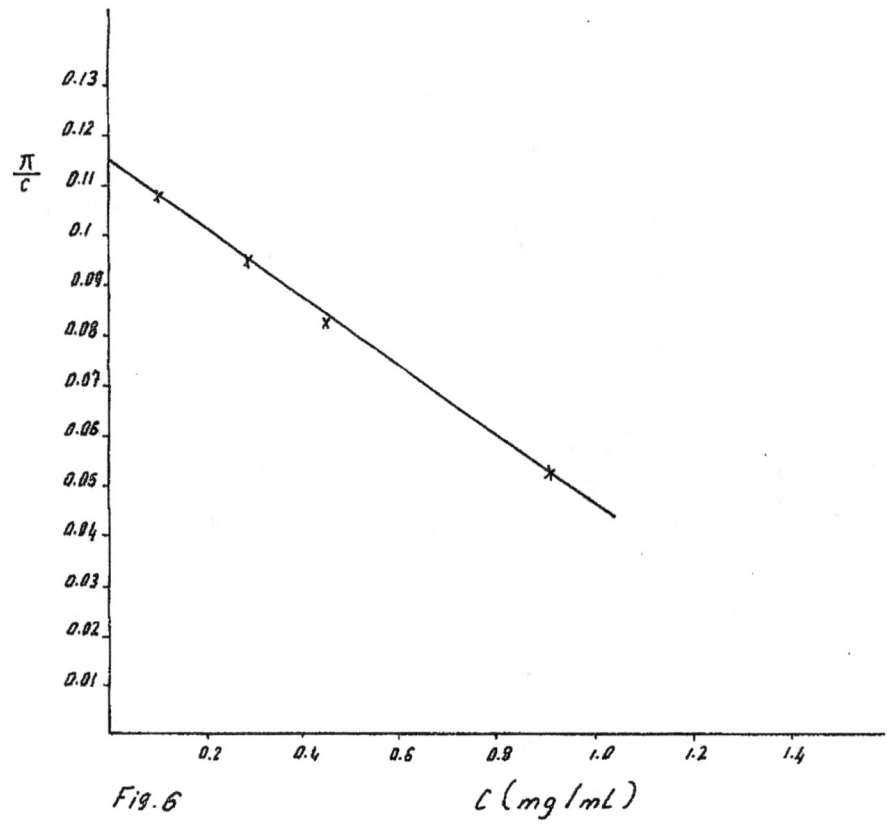

Fig. 6

Relation of π/c versus c for Isoenzyme 1 of GOT in sera of patients with myocardial infarction

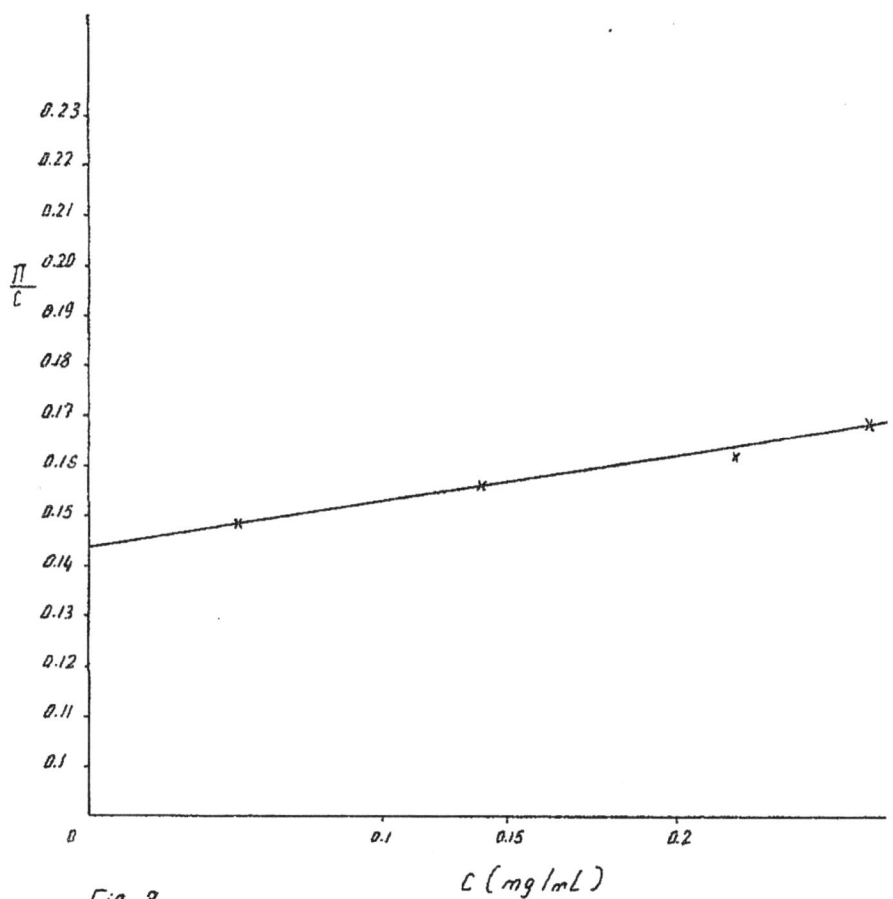

Fig. 7

Relation of Π/C versus C for Isoenzyme 11 of GOT in sera of patient with myocardial infarction.

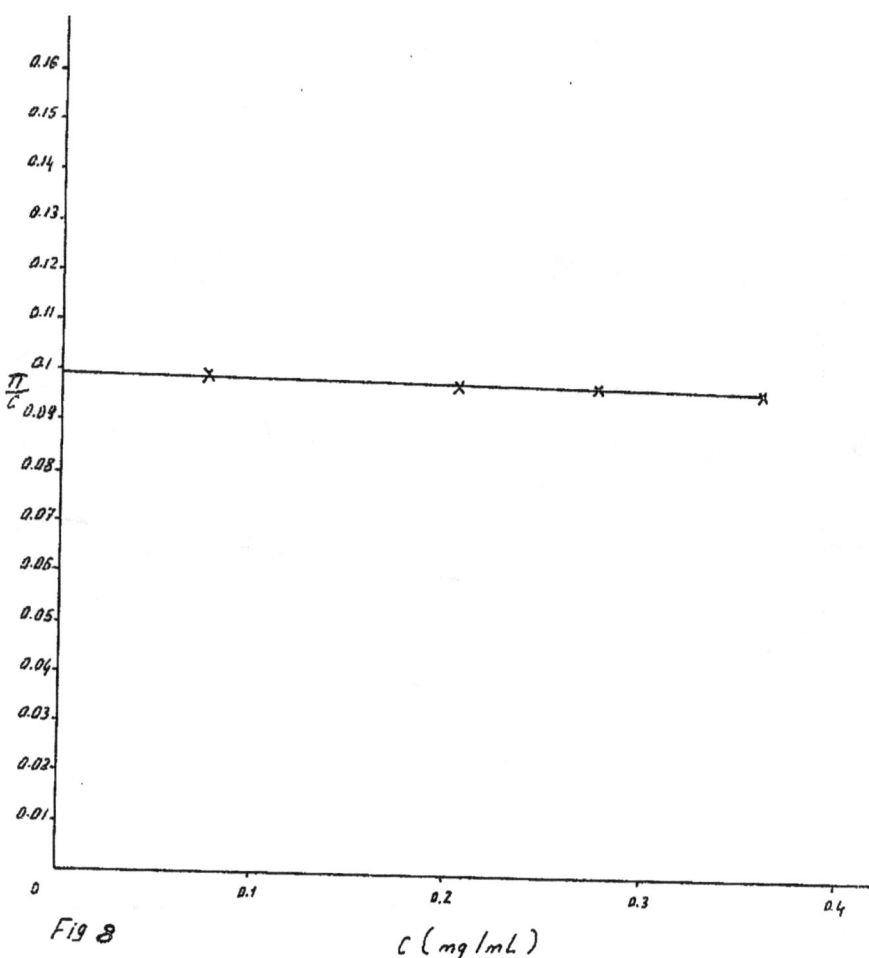

C (mg/mL)

Fig 8

Relation of π/C versus C for Isoenzyme 111 of GOT in sera of patient with myocardial infarction.

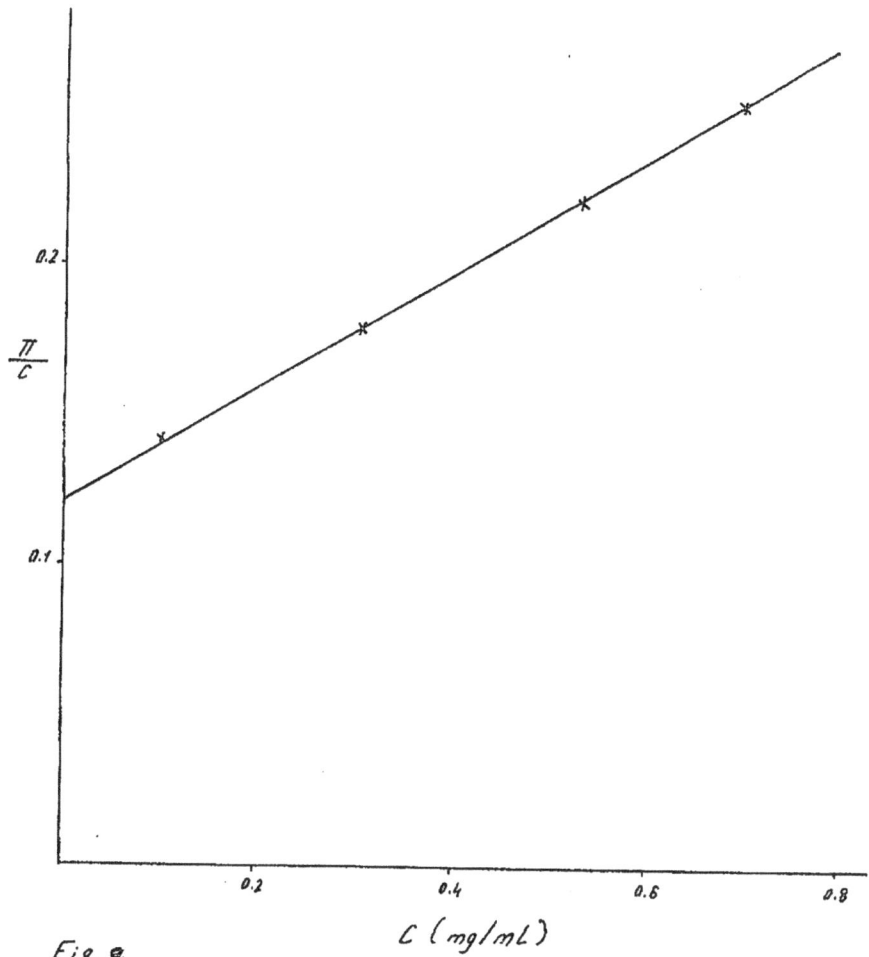

Fig. 9

Relation of π/c versus c for Isoenzyme IV of GOT in sera of patient with myocardial infarction.

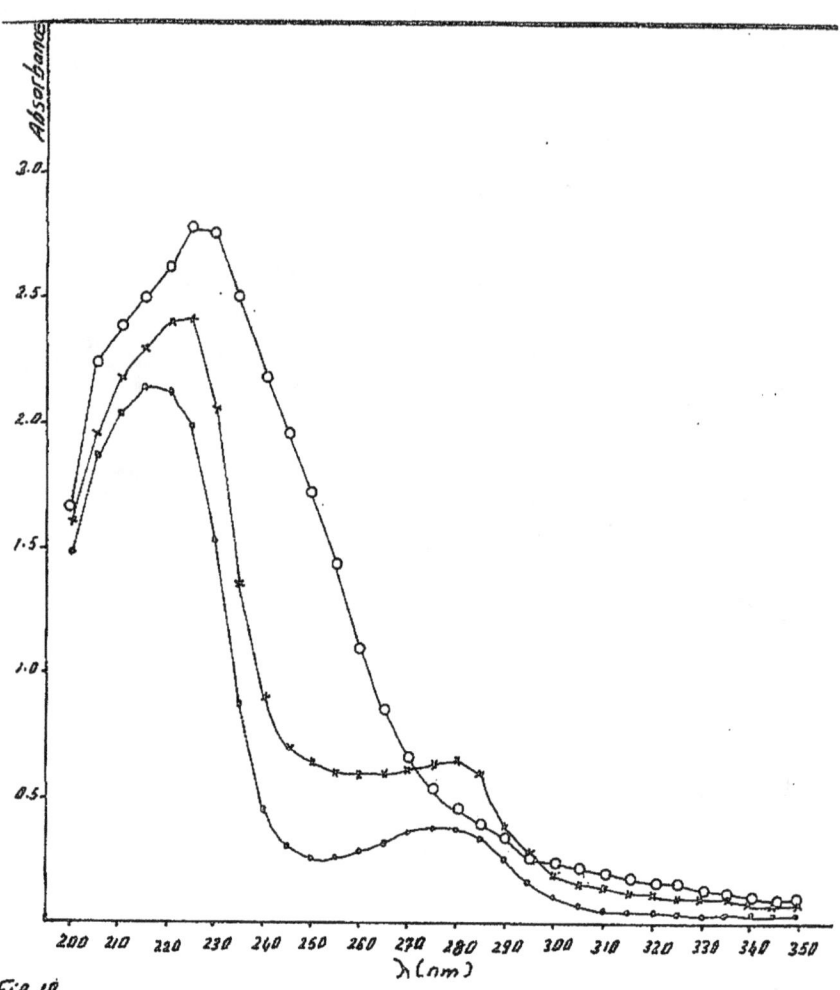

Fig 10

spectral characteristic of isoenzyme I in sera of patients
with myocardial infarction

o———o   isoenzyme 1 only

x———x   isoenzyme 1 + substrate

o———o   substrate only

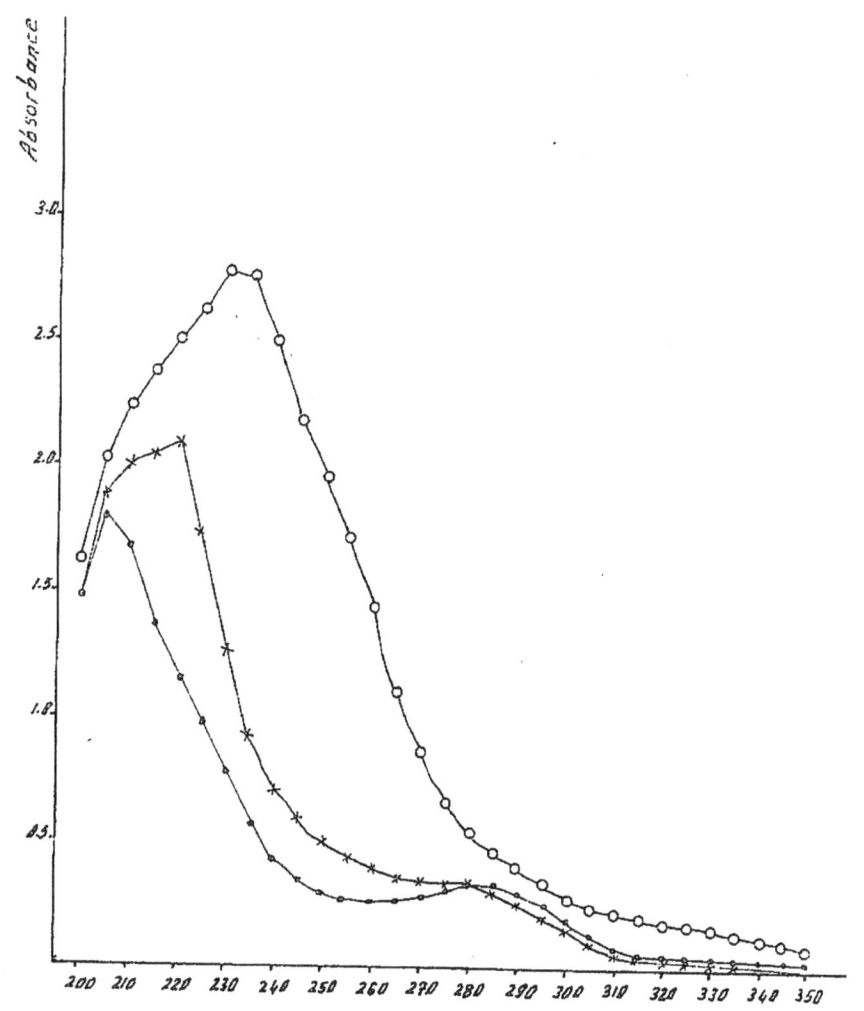

Fig. 11

λ (nm)

spectral characteristic of isoenzyme II in sera of
patients with myocardial infarction.

○————○ Isoenzyme 2 only

✗————✗ Isoenzyme 2 + substrate

○————○ Substrate only

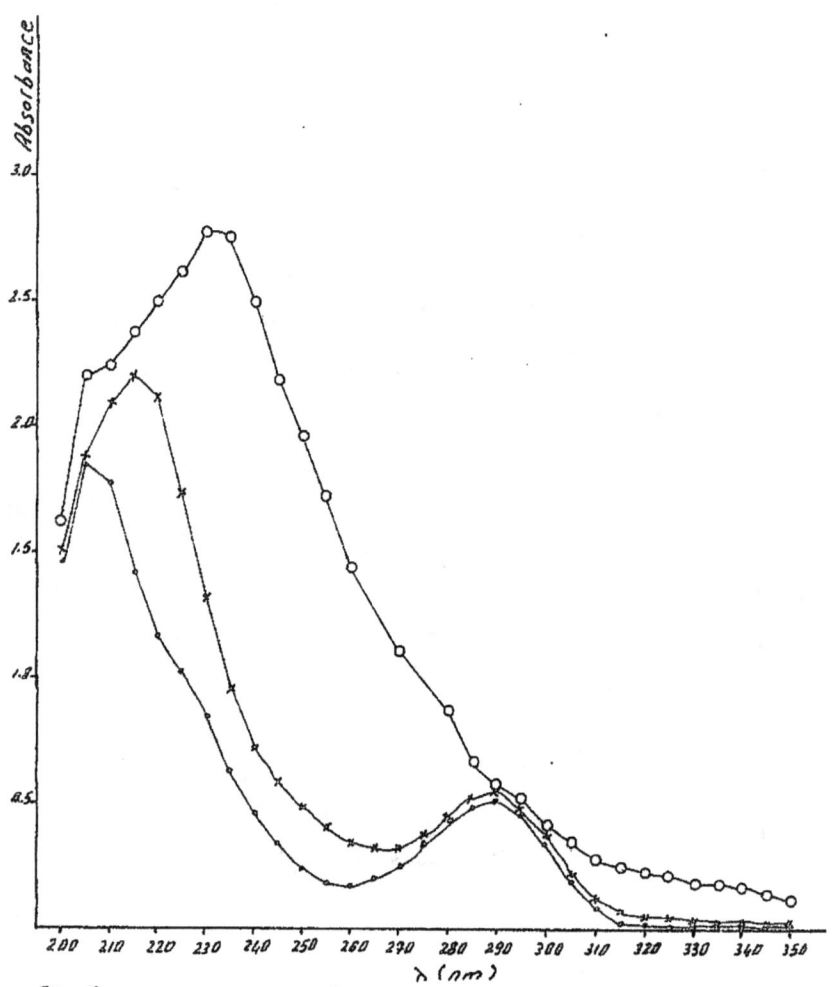

Fig.12

○——————○ Isoenzyme 3 only

×——————× " " + substrate

○——————○ substrate only

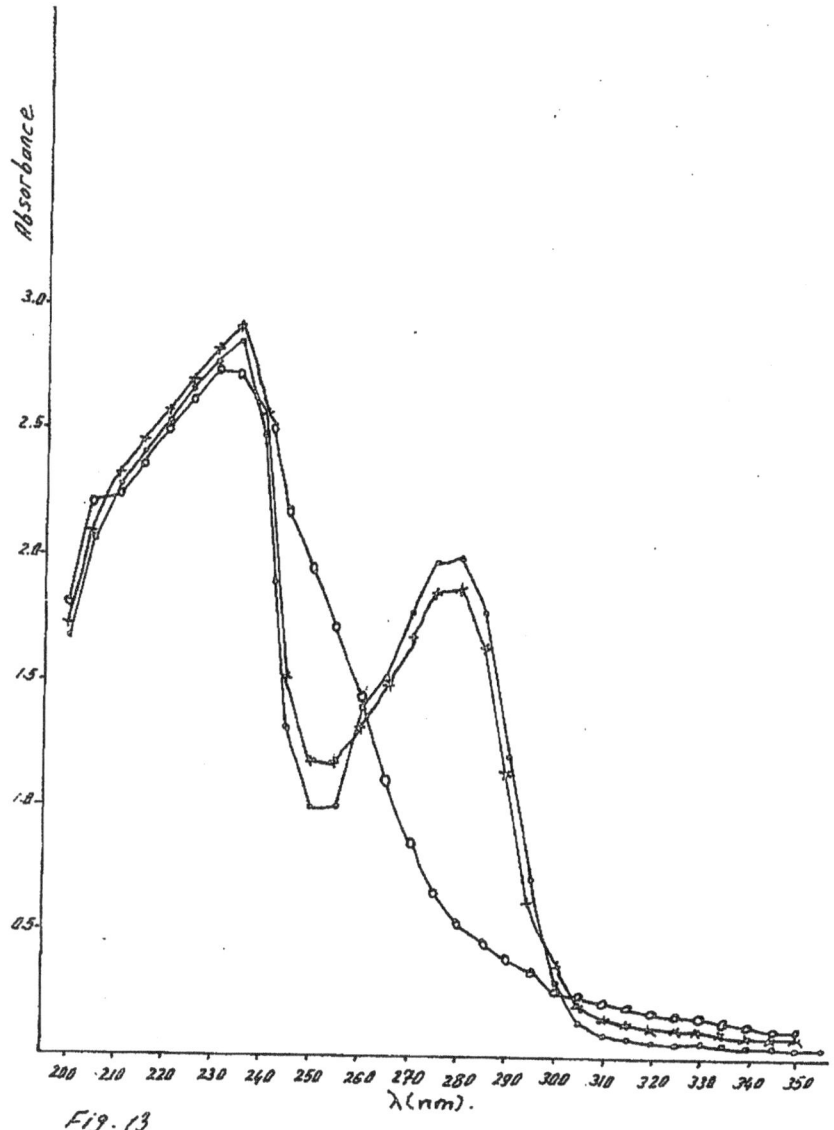

Absorbance

3.0

2.5

2.0

1.5

1.0

0.5

200 210 220 230 240 250 260 270 280 290 300 310 320 330 340 350

λ(nm).

Fig. 13

○——○ Isoenzyme 4 only

×——× Isoenzyme 4 + substrate

○——○ substrate only

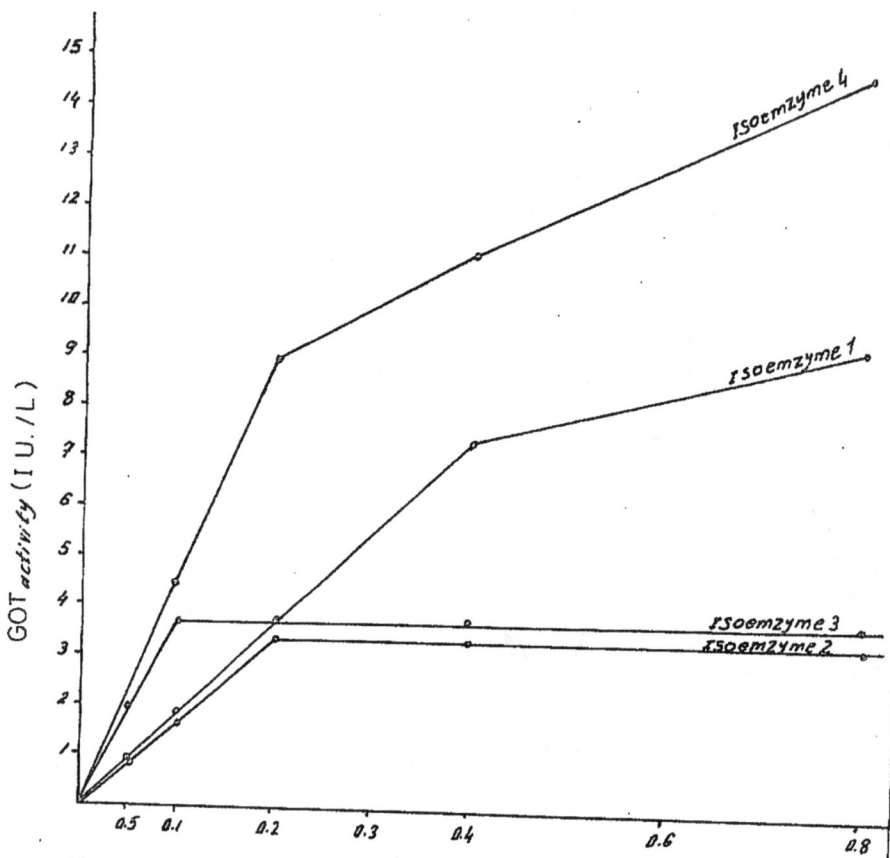

Fig. 15   ml, Isoenzyme per 1.2 ml reaction mixture

Effect of enzyme concentration on reaction rate. The conditions
are those mentioned in Reitman and Frankel method except
that the volume of enzyme fractions incubated was varied
(0.05, 0.1, 0.2, 0.4, 0.8 ml) to represent different enzyme
concentrations.

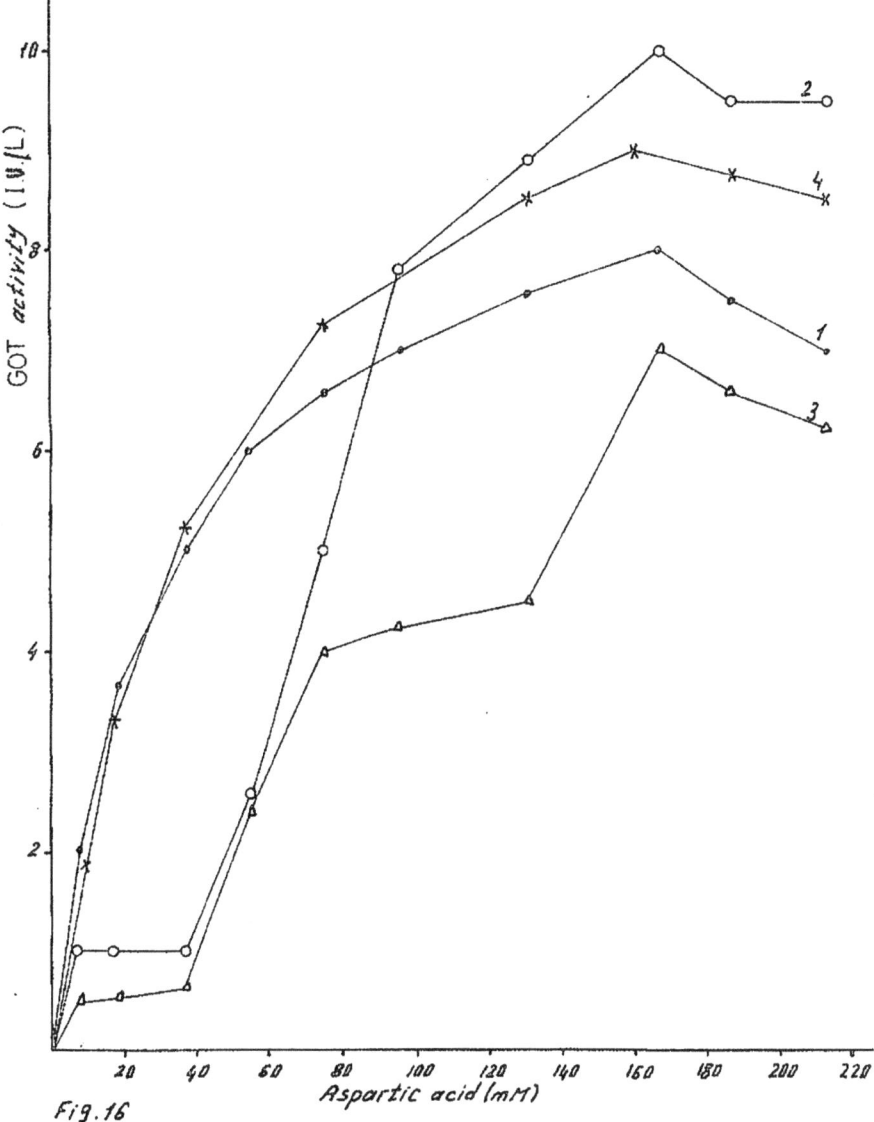

Fig. 16

The relation between aspartate concentration and the activity expressed in I.U./Litter for isoenzymes I, II, III, IV [Details are explained in the text.]

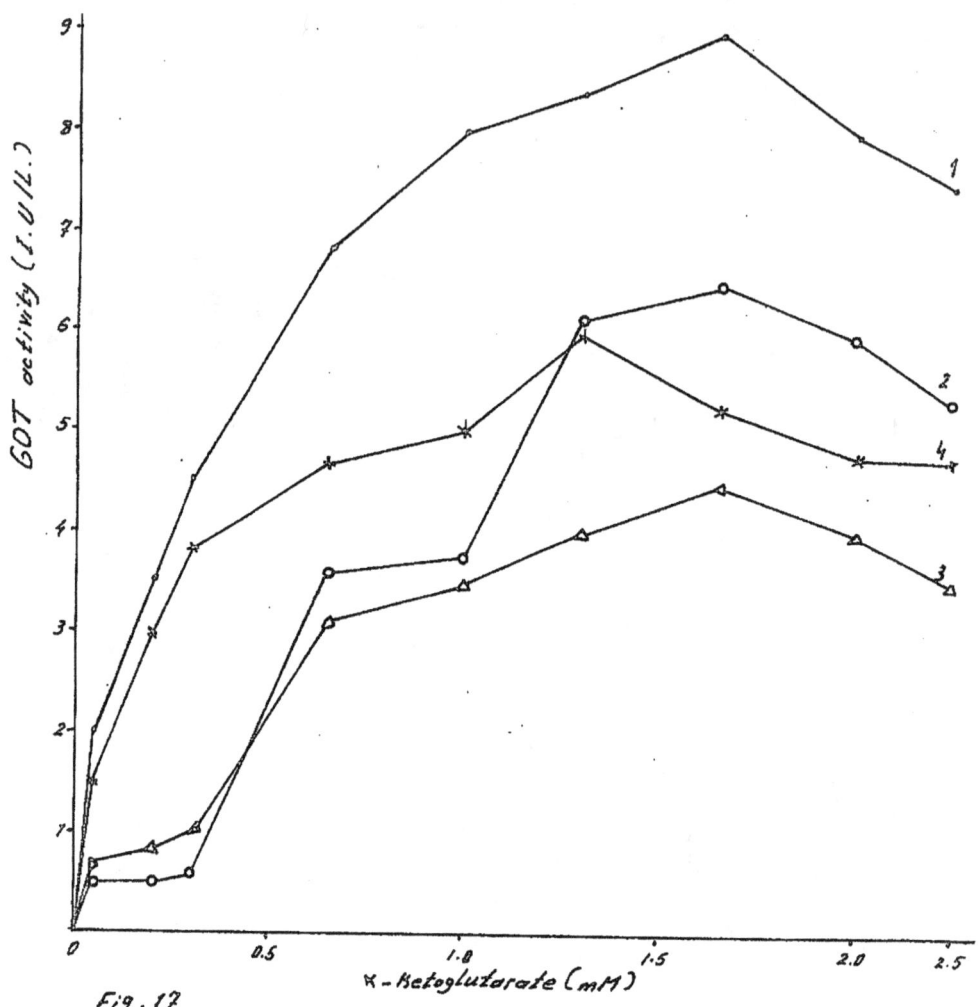

Fig. 17

The relation between α-ketoglutarate conc. (mM) and the activity expressed in I.U/liter for isoenzymes I, II, III, IV (Details are explained in the text).

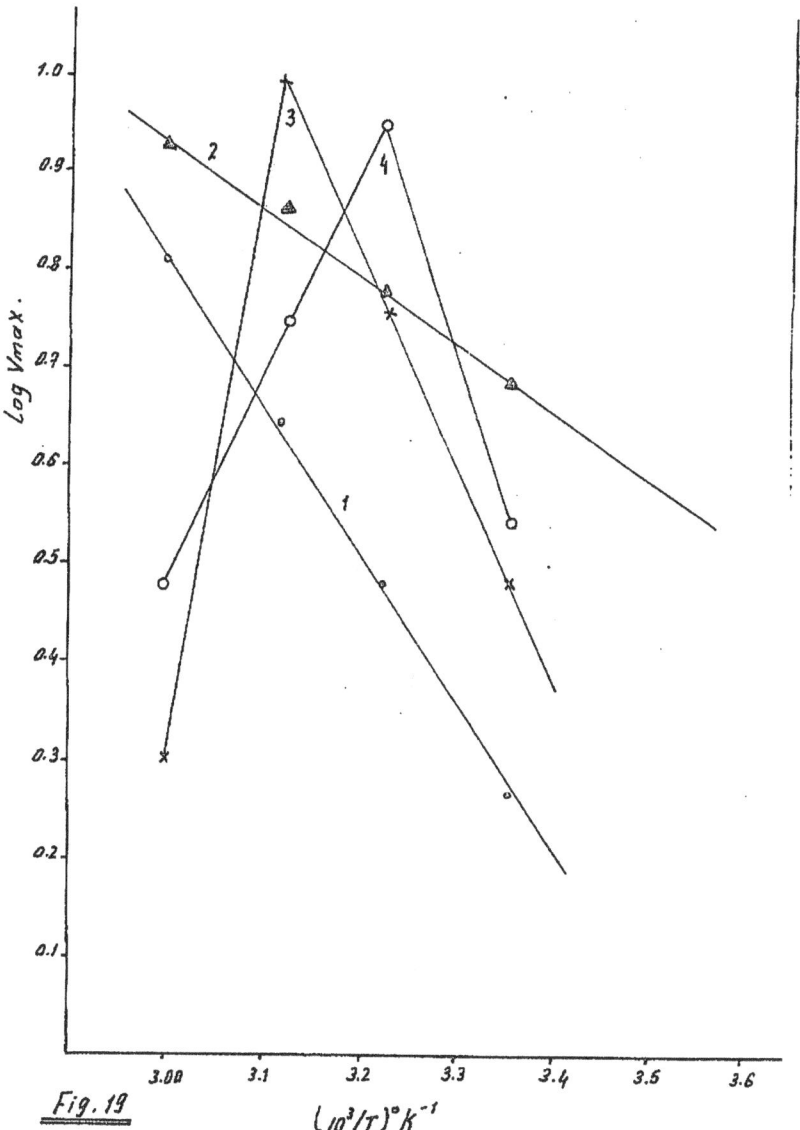

1.0
0.3
1
3
$(10^3/T)°K^{-1}$

Fig. 19

The effect of temperature on the activity of GOT isoenzymes (I, II, III, and IV) in the serum of patients with myocardial infarction by plotting log Vmax. vs. 1/T. The assays were performed in different incubation temperatures (25°, 37°, 45°, 59°, 68°) All details are in the text.

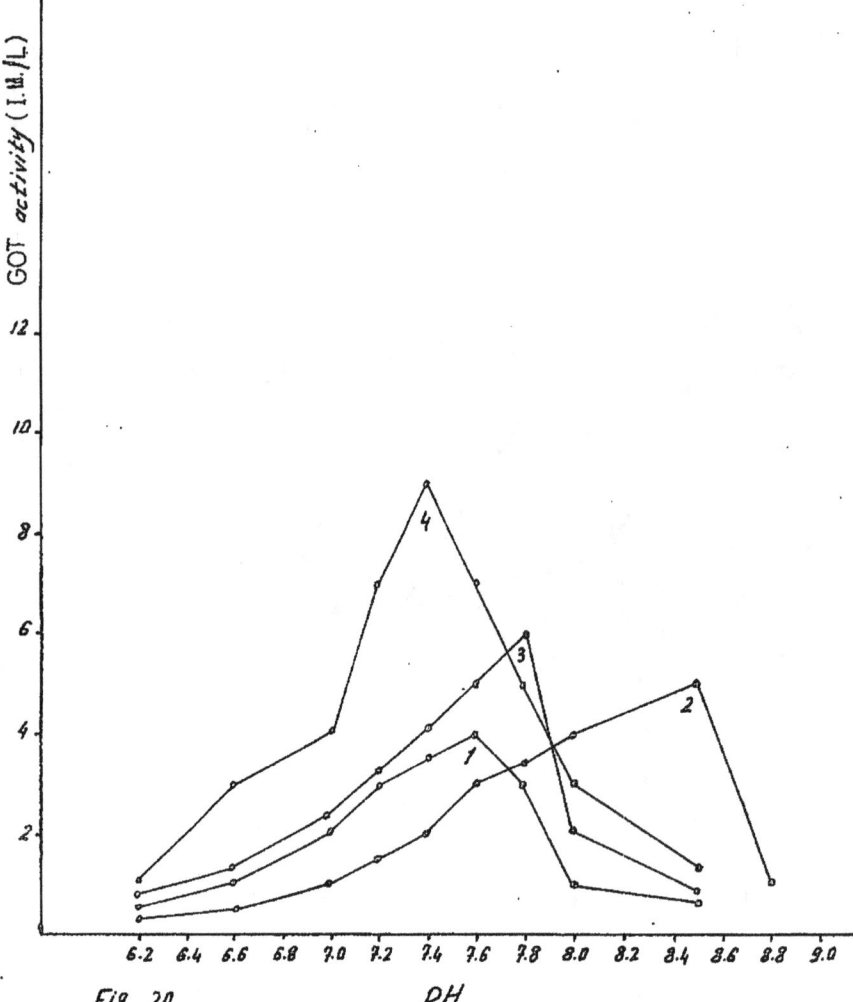

Fig. 20

PH

The effect of pH on the activity of GOT isoenzymes (I, II,
III and IV) in the sera of patients affected by myocardial
infarction. The reaction was carried out at different pH values,
using 0.1M phosphate buffer. The activity was determined at
optimal conditions of substrate conc. and temp. for each isoenzyme

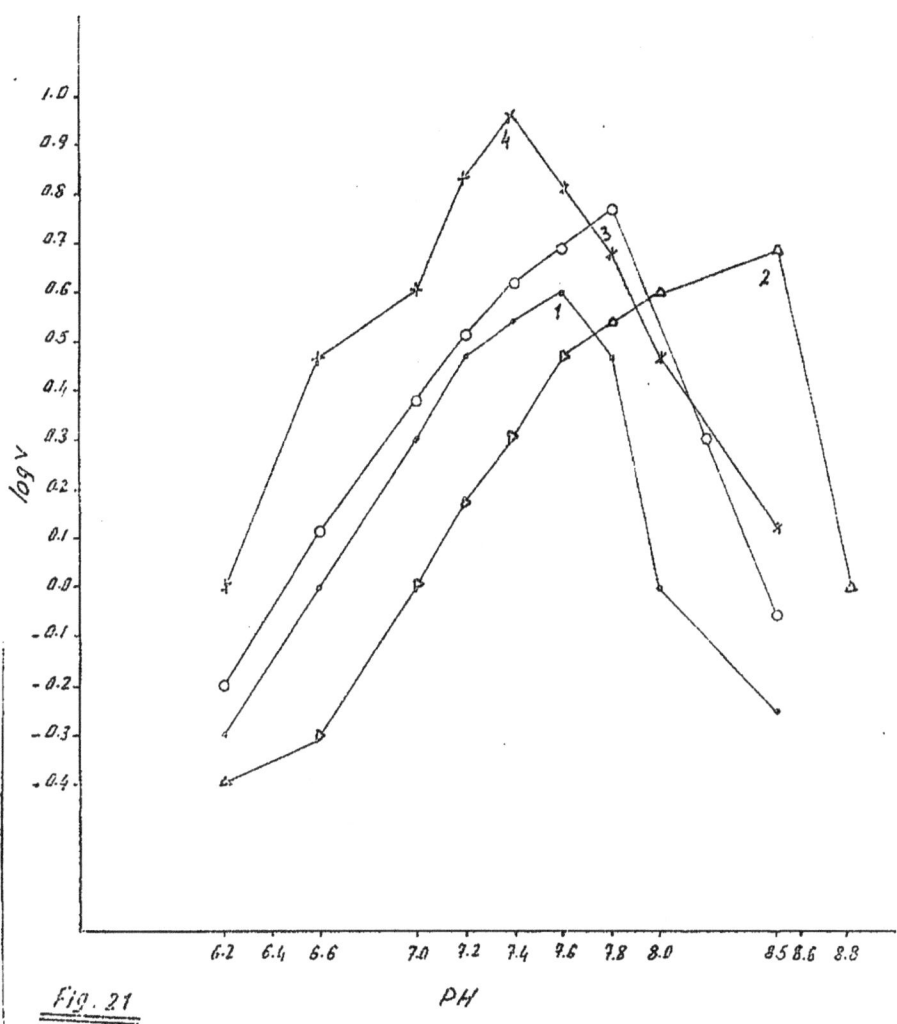

Fig. 21

Effect of pH on the initial velocity of the reaction for GOT
isoenzymes I, II, III and IV in sera of patients with myocardial
infarction (logv vs. pH). The other details as in Fig. 20

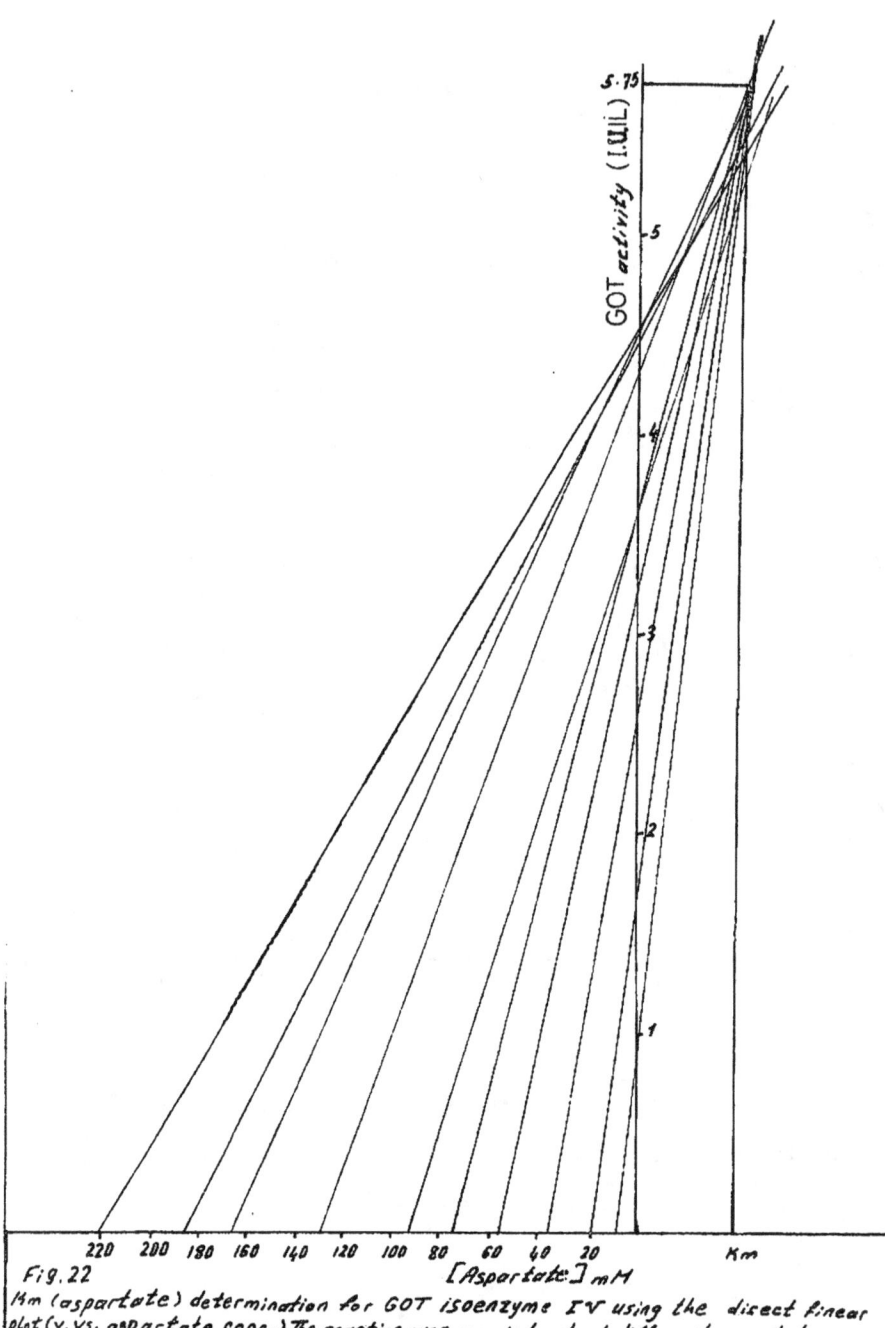

Fig. 22

Km (aspartate) determination for GOT isoenzyme IV using the direct linear plot (v. vs. aspartate conc.). The reaction was carried out at different aspartate concentrations (9.33, 18.5, 37.5, 55, 74.5, 96.6, 130, 166.3, 186.5 and 222.5) mM and optimal conditions of α-ketoglutarate conc. temp. and pH.

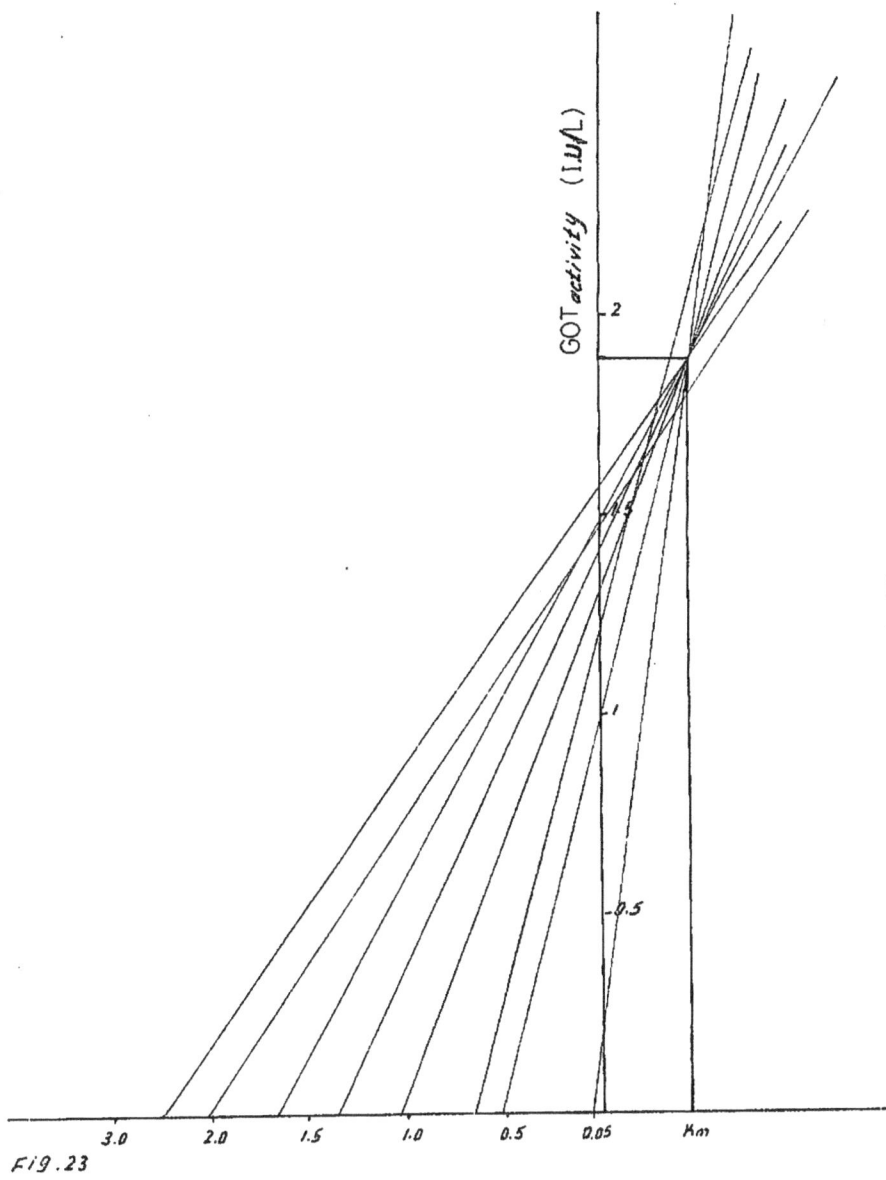

Fig.23

Km (α-Ketoglutarate) determination for GOT isoenzyme I using the direct linear plot (V. VS. α-Ketoglutarate conc.) The activity was determined at different α-Ketoglutrate concentrations 0.05, 0.2, 0.35, 0.665, 1.0, 1.3, 1.665, 2.0 and 2.5) mM and optimal conditions of aspartate conc., temp and pH

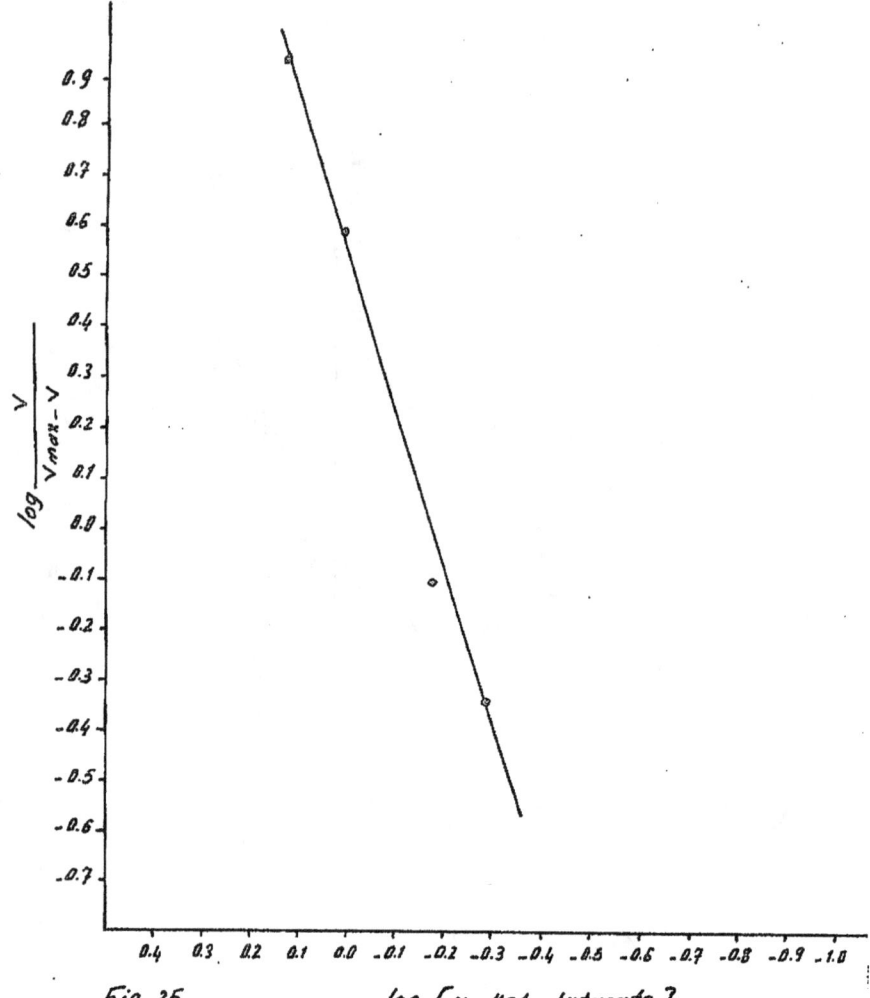

Fig.25   log [α-Ketoglutarate]

$\bar{K}$ (α-Ketoglutarate) deter mination for GOT isoenzyme II

using the relation ship between $\log \dfrac{V}{V_{max}-V}$ and

log (α-Ketoglutarate conc.) The other detail are explained

in Fig. 23

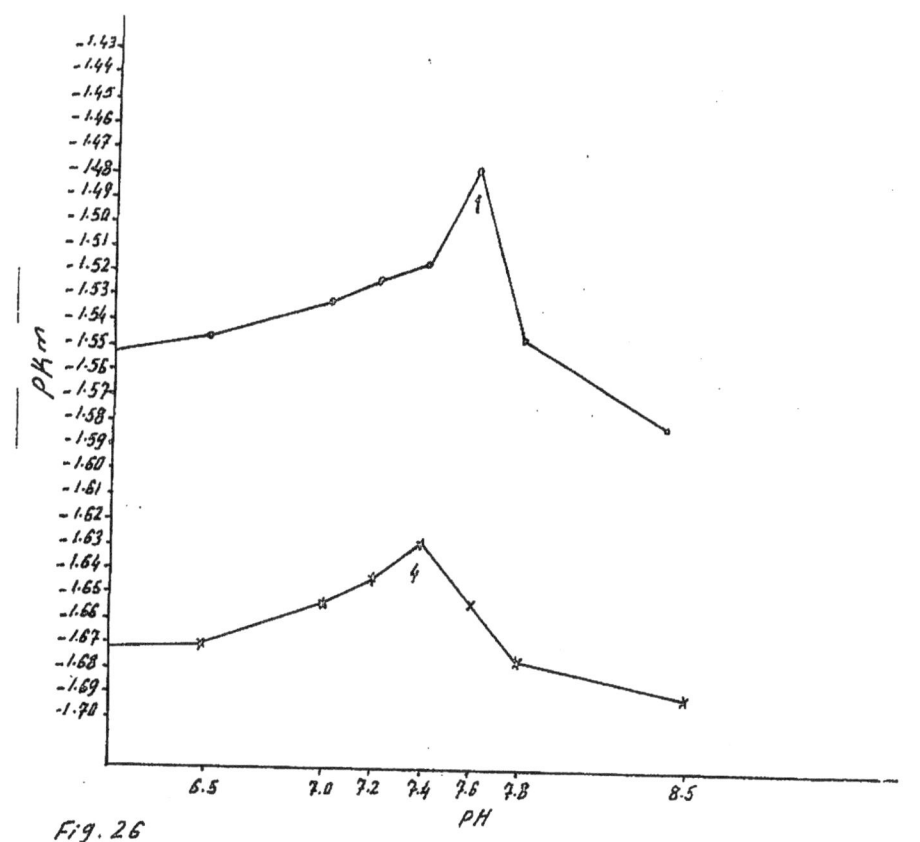

Fig. 26

Influence of pH on the rate of reaction for GOT isoenzymes I and IV. velocity measurements were taken at different aspartate concentrations (20, 55, 92.5, 130, 166.5) mM in the presence of potassium phosphate buffer (0.1) M, at different pH values, and using optimal incubation temp. and optimal α-ketoglutarate conc. for each isoenzyme to carry out the reaction.

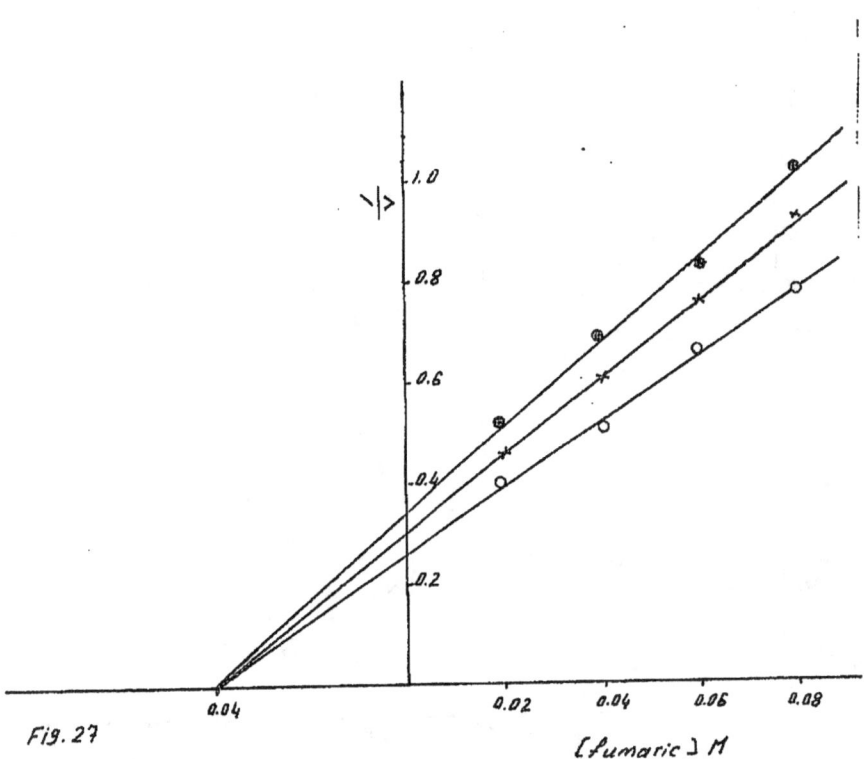

Fig. 27

[fumaric] M

The inhibition of GOT isoenzyme I by different concs. of fumaric acid [0.02, 0.04, 0.06, 0.08] M using Dixon plot ($\frac{1}{v}$ vs. fumaric). The reaction was carried out at different concs. of aspartic acid (29, 37, 45) mM and at optimal conditions of α-ketoglutarate conc., pH, and incubation temp.

⊙——⊙ when aspartic acid Conc. = 29 mM

×——× " " " " = 37 mM

○——○ " " " " = 45 mM

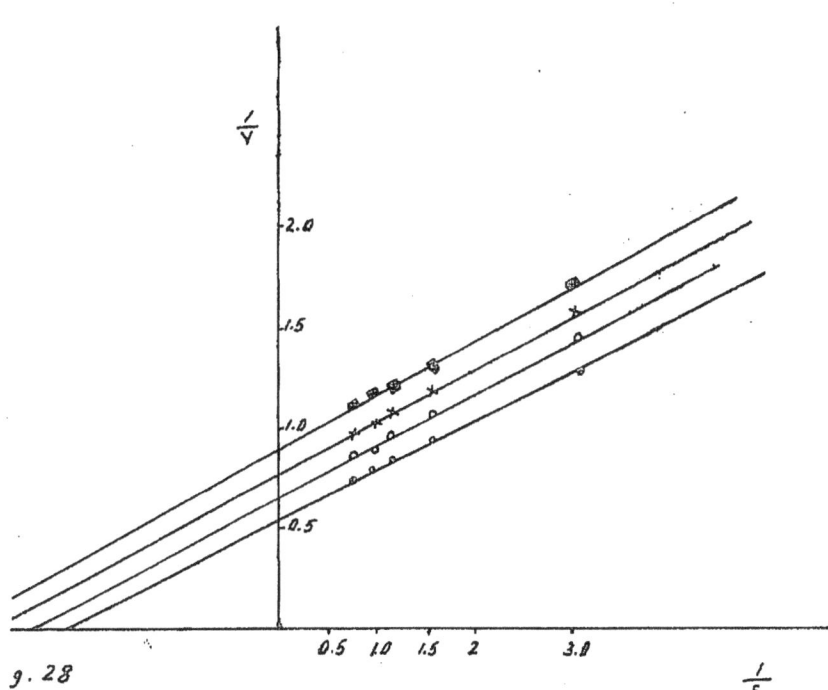

g. 28

e inhibition of GOT isoenzyme I by different concs. of
etate ion (0.0, 0.2, 0.4, 0.6) Husing the line weaver - Burk
'ot $(\frac{1}{v}$ vs. $\frac{1}{x-ketoglutarate})$. The reaction was carried out at
fferent concs. of x-ketoglutarate (0.3, 0.66, 0.9 (1.33 (1.665)mM
'd at optimal conditions of aspartic acid conc., pH and
cubation temp.

—o when acetate = 0.0

—o ''   ''   = 0.2

—x ''   ''   = 0.4

—▣ ''   ''   = 0.6

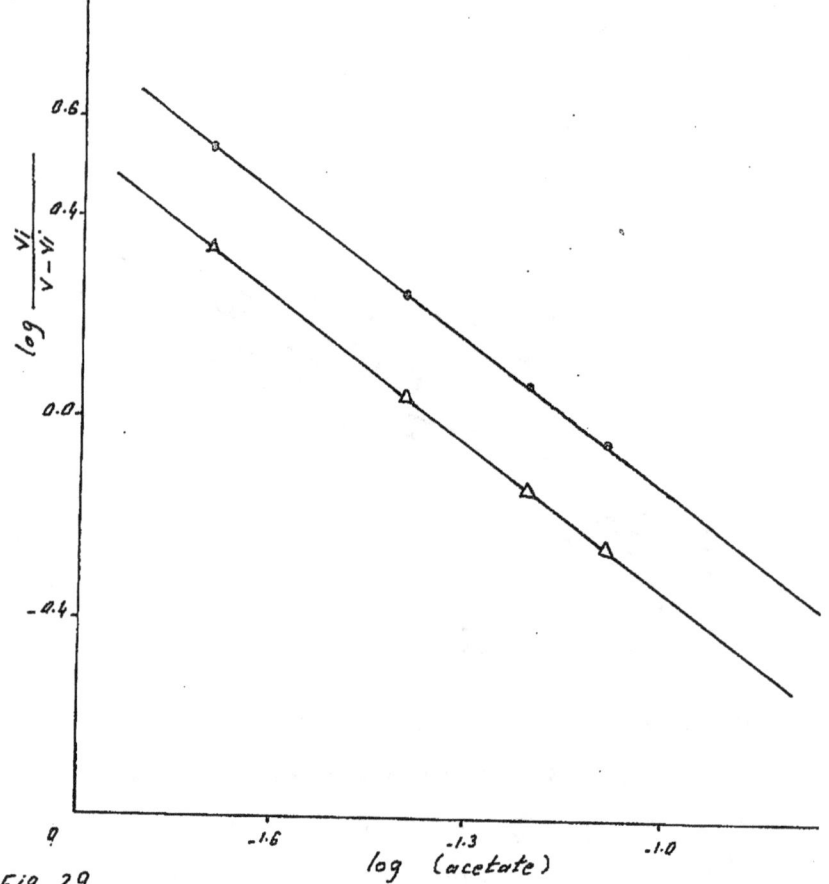

Fig. 29

The inhibition of GOT isoenzyme III by different concs. of acetate ion (0.0, 0.2, 0.4, 0.6) M using the relation ship between log $\frac{Vi}{V-Vi}$ and log acetate conc. The reaction was carried out at different concs. of α-Ketoglutarate (0.5, 0.8, 1.0, 1.25, 1.665) mM and using optimal conditions of aspartic acid conc., pH and incubation temp

o——o when α-Ketoglutarate = 1.665 mM

Δ——Δ " " " = 1.250 mM

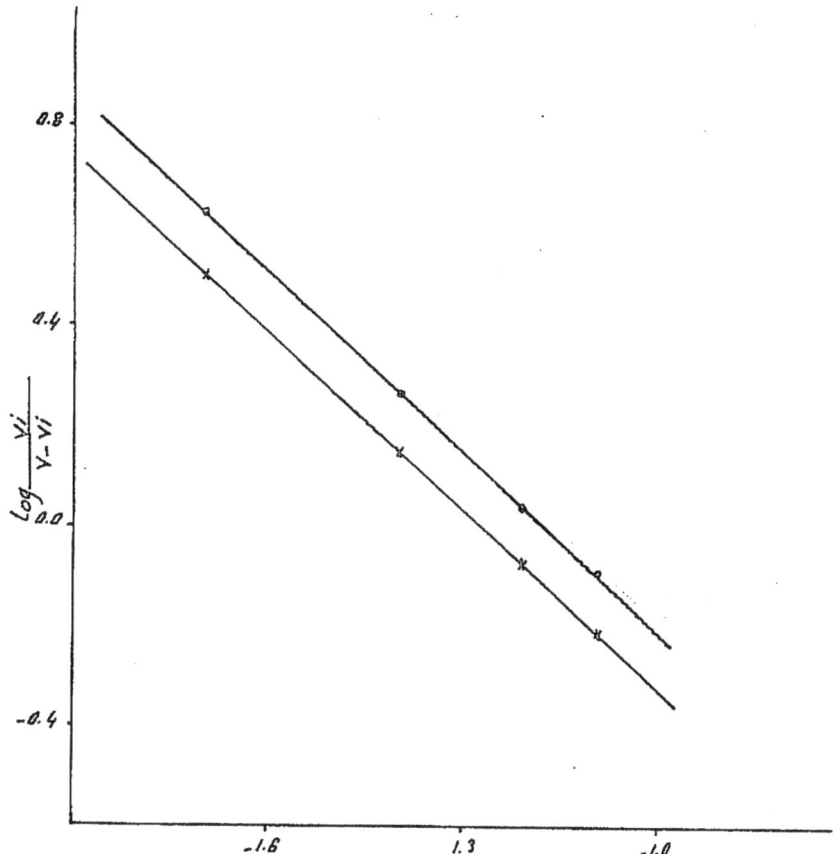

Fig. 30   log (fumaric acid).

The inhibition of GOT isoenzyme II by different concs. of
fumaric acid (0.0, 0.02, 0.04, 0.06) M using the relation ship
between log $\frac{v_i}{V-v_i}$ and log fumaric acid. The reaction was
carried out at different concs. of α-ketoglutarate (0.5, 0.8,
1.0, 1.25, 1.665) mM and using optimal conditions of aspartic
acid conc., pH, and incubation temp.

○——○   when α-ketoglutarate = 1.665 mM
✗——✗   "   "   "   = 1.250 mM

R E F F E R E N C E S

1. Shamma, A.H. (1971) in Lectures in Pathology p. 280,
            Baghdad.

2. Macleod, J.(1974) in Davidson's principles and
            Practice of Medicine, eleventh ed.,p.
            265, Longman group limited,London.

3. Taylor, R.B.(1978) in Family Medicine, Principles
            and Practice, p. 487, Springer Verlag,
            New York Inc.

4. Center for Statistical analysis-Ministry of Health.

5. Fowler, N.O. (1976)in Cardiac diagnosis and treatment
            2nd ed.,p. 672, Harper and Row phublishers,
            Inc.

6. Harper, H.A., (1975) in review of Physiological
            Chemistry, p. 298. Black Well Scientific
            Publications, Oxford and Edinburgh.

7. Wolf, P and Williams, D (1973) in Practical Clinical
        Enzymology, Techniques and Interpretat-
        ions, p. 291, John Wiley and Sons, U.S.A.

8. Agress, C.M., and Kim, JHC. (1960) Evaluation of
        Enzyme Tests in the Diagnosis of heart
        disease. Am. J. cardiol., p. 641.

9. Searcy, R.L. (1969) in Diagnostic Biochemistry, p.
        510, McGraw-Hill, New York.

10. Wilkinson, J.H. (1970) in Isoenzymes, 2nd ed., p. 224
        Champman and Hall LTD.

11. Bocharov, A.L., Demidkina, T.V., Karpeiskii, M.YA. and
        Polyanovskii, O.L. (1973) Biochem.Biophys.
        Res.Commun, 50, 377.

12. Martinez-Carrion, M., Turano, C., Chiancone, E., Rossa,
        F., Giartosio, A., Riva, F. and Fasella,.
        (1967) J.Bio.Chem.242, 2397.

13. Nisselbaum, J.S. and Bodansky, O.J. (1964) J.Biol.
        Chem.239, 4232.

14. Boyde, J.W. (1961) Biochem. J. 81, 434.

15. Fleisher, G.A., Potter, C.S. and Wakim, K.G.(1960)proc.Soc. Exp. Biol. N.Y. 103, 229.

16. Augustinsson, K.B. and Erne, K. (1961), Experientia 17, 396.

17. Boyd , J.W. (1962) clin. Chem. Acta. 7,424.

18. Boyd , J.W. (1962) Biochem. J. 84, 14.

19. Boyd , J.W. (1966) Biochem. Biophys. Acta. 113, 302.

20. Boyde, T.R.C. and Latner, A.L. (1962) Biochem.J. 82,51.

21. Schwartz, M.K., Nisselbaum, J.S. and Bodansky, O.J. (1963) Amer. J. Clin. Path. 40,103.

22. Decker, L.E. and Rav, E.M. (1963)Proc. Soc. Exp. Biol. 112, 144.

23. Klunova, S.M., Predvoditelev, D.A. and Filippovich, Yu. B. (1974), Biokhim.Nasekomykh. 16, 100.

24. Haung, A.H.C., Lin, K.D.F. and Youle, R.J. (1976) Plant. Physiol., 58, 110.

25. Al-Mudhaffar, S.A. and Al-Salihi, F.G. (1978) Folia.
            Bioch. et. Biol. Graeca. Vol. xiii p.34.

26. Al-Mudhaffar, S.A. and Al-Salihi, F.G. (1978) Folia.
            Bioch. et. Biol.Graeca. Vol. xiii p. 44

27. Al-Mudhaffar, S.A. and Al-Salihi, F.G. (1979)
            Biochimie 16, 131.

28. Al-Mudhaffar, S.A. and Al-Salihi, F.G. (1979) Indian
            J. of Biochemistry and Biophysics, Pub-
            314 (BBP 2157).

29. Boyde, T.R.C. (1968) Enzymol. Biol.Clin. 9, 385.

30. Schmidt, E., Schmidt, F.W. and Otto, P. (1967) Clin.
            Chim. Acta. 15, 283.

31. Gabrielli, E.R. and Ofranos, A.P. (1968) Proc. Soc.
            Exp. Biol., N.Y, 12 8, 803.

32. Kar, N.C. and Pearson, C.M. (1964) Proc. Soc. Exp. Biol.
            N.Y., 116, 733.

33. Mannucci, P.M., Ideo, G., Cao, A. and Macciotta, A.
    (1965) Rass. Med. Sarda. 68, 287.

34. Al-Mudhaffar, S.A. and Rassam, M.B. (1979) Biochemistry
    and Experimental Biology Vol. xv No. 1.

35. Al-Mudhaffar, S.A. and Al-Saffar, N.R. (1979) Indian,
    J. Med. Res., Vol. 70, pp. 598-608.

36. Al-Azzawe, T.N. (1979) Msc. Thesis, College of Science,
    University of Baghdad.

37. Al-Obaydi, F.H. (1979) Msc. Thesis, College of Science,
    University of Baghdad.

38. Al-Mudhaffar, S.A. and Al-Obaydi, F.H. (1978) Folia.
    Bioch. et. Biol. Graeca. Vol. xiii p. 54.

39. Al-Salihi, F.G. (1977) Msc. Thesis, College of
    Science, University of Baghdad.

40. Velick, S.F. and Varra, J. (1962) J. Biol. Chem.
    237, 2109.

41. Nisselbaum, J.S. and Bodansky, O.J. (1966) J. Biol. Chem. 241, 2661.

42. Wakim, K.G. and Fleisher, G.A. (1963) J. Lab.Clin. Med. 61, 86.

43. Soandurra, R. and Canella, C. (1972) Eur. J. Biochem. 26. 196.

44. Laursen. T. and Espersen, C. (1959) Soand. J. Clin. Lab. Invest. 11, 61.

45. Smirnov, O.K., Pasechnick, A.P. and Nikonova, V.G. (1970) Selskokhoz. Biol. 5, 933.

46. Orlacchio, A., Scaramuzza, E. and Turano, C. (1975) Ital. J. Biochem. 24, 119.

47. Ortanos, A., Gabrielli, E.R. and Progay, D.A. (1970) Res. Commun. Chem. Pathol. Pharmacol. 1 (2), 266.

48. Kalckar, H.M. (1947) J.Biol. Chem. 167, 461.

49. Reitman, S. and Frankel, S. (1957) Amer. J. Clin.
        Pathol. 28, 56.

50. Wooton, I.D. P. (1964) in Micro-Analysis in Medical
        Biochemistry, 4th ed., P. 108, J. and A.
        Churchill, LDD., London.

51. Gebott, M.D. (1973) in Microzone Electrophoresis
        Manual, Beckman Instruments, California

52. Winter, A., Kristina, EK. & Anderson, U. (1977).
        LKB Application Note.

53. Davidson, I. and Henry, J.B. (1974) in clinical
        Diagnosis by laboratory Method, 15th
        ed., p. 837, Saunders, Philadelphia.

54. Latner, A.L. (1975) in Clinical Biochemistry, 7 th ed.,
        p. 574, Saunders, Philadelphia.

55. Al-Rubae, N.M. (1978) Msc. Thesis, College of Science,
        University of Baghdad.

56. Al-Mudhaffar, S.A. and Fadalla, Y.G. (1978) Folia.
            Bioch. et. Biol. Graeca Vol. xiv p.81.

57. Al-Mudhaffar, S.A. and Fadalla, Y.G. (1978) Folia,
            Bioch. et. Biol. Graeca, Vol. xiv. p.
            102.

58. Ramakrishnan, S., And Subrahnanyam, K.,(1970) K.
            Indian J. Biochem. 7, 85 - 86.

59. Latner, A.L. and Skillen, A.W. (1968) in Isoenzymes in
            Biology and Medicine, 1st ed., p. 146,
            Academic Press, London.

60. Westphal, V., (1967) Arch. Biochem. Biophys., 66,71.

61. Hill, A.V. (1916) J. Physiol. 40, iv - viii.

62. Laidler, K.J. and BUNTING, P.S. (1973) in Chemical
            Kinetics of Enzyme action, 2nd.ed.,
            p. 359: Clarendon Press, Oxford.

63. Segel, I.H. (1975) in Emzyme Kinetics, 1st ed. p.926,
            John Wiley & Sons, New York.

64. Dawes, E.A. (1964) in Conprehen. Biochem. (Florkin,
        M. and stotz., E.H.) vol. 12, p. 104,
        Elsevier, Amsterdam.

65. Line-Weaver, H. and Burk, D. (1934) J.Amer. Chem.
        Soc. 56, 658.

66. Eisenthal, R. and Cornish-Bowden, A. (1974) Biochem.
        J. 139, 715.

67. Michuda, C. and Martines-Carrion, M. (1969) J. Biol.
        Chem. 244, 5920.

68. Wada, H. and Morino, Y. (1964) Vitam. Horm. 22, 411.

69. Segel, I.H. (1975) in Enzyme Kinetics 1st ed., p.385,
        John Wiely and Sons, New York.

70. Dixon, M. and Webb, C.E. (1966) in Enzymes, 2nd ed.,
        p. 116, Longmans, London.

71. Jenkins, W.T., Yphantis, D.A. and Sizer, I.W.(1959)
        J. Biol. Chem. 234, 51.

72. Cheng, S., Michud-Kozak, C. and Martinez-Carrien, M.
     (1971) J. Biol. Chem. 246, 3623.

73. Nisselbaum, J.S. (1968) Anal. Biochem. 23, 173.

74. Dixon, M. (1953) Biochem. J. 55, 170.

75. Dixon, M. and Webb, C.E. (1966) in Enzymes, 2nd
     ed., p. 75, Longmans, London.

Part (III)

Introduction

تمهيـــــــــد

يقوم الكبد بوظائف كيميائيـة رئيسيـة مهمة لنمو الجسم ، وللخلـل الذى يصيب الكبد تأثيرات عديدة قد تؤدى بعضها الى فقدان الحياة ، فهـو مركز العمليات الحياتيـة للكاربوهيدرات والبروتينات والدهون والفيتامينـات ويساهم كذلك بالتخلص من النشاط الزائد لبعض الهورمونات مثل الاستروجيـن ، كما يعمل على ازالـة التأثيـر السمي لبعض الأدويـة مثل المورفين ، اضافـة الى ذلك يتكون البيلروبين والكولسترول وبعض الأنزيمـات والصفراء فيـه والاخير يمر بـ القنوات الكبدية الداخلية ومن ثم الى القناة الكبدية الرئيسيـة والى المرارة ، لذلك فالخلل الذى يحدث في الكبد أو في القنوات الخارجيـة الكبدية يمكن تشخيصه بواسطة اختبار وظائف الكبد (Liver function test) هذا ومن اهم الامراض التي تصيب الكبد هو اليرقـان (Jaundice).

اليـرقـان Jaundice

وهو الاصفرار الذى يحدث في الجلد والانسجة العميقة بسبـب وجود البيلروبيـن بتراكيز كبيرة في السوائل خارج الخلية[2] كما يلاحظ اصفـرار في بياض العين والأغشيـة المبطنـة ، ويمكن تصنيف انواع اليرقان الى ثلاثة[3] :

1- اليرقان الدموى Haemolytic Jaundice

تتكون كميات كبيرة من البيلروبين نتيجة تكسر خلايا الدم الحمـراء وراثيا أو لسبب الالتهابات أو تأثير السموم والمضادات الحيويـة المختلفة على هذه الخلايا ، حيث يصبح البيلروبيـن في الدم غير ذائب وغير قابل للانتقال الى المجرى البولي[4].

2- يرقان الانسجة الكبدية (Hepato cellular Jaundice)

تتهدم خلايا الكبد في هذا النوع من اليرقان بسبب جرثومي أو تسممي نتيجة تأثير الأدوية أو المواد الكيميائية المتنوعة . ويمنع تهدم خلايا الكبد انتقال البيلروبين وتكوين البيلروبين المرتبط conjugated bilirubin .[4]

اليرقان الانسدادى : (Obstructive Jaundice)

ويتميز هذا اليرقان بانسداد في المجرى المحصور بين موقع اتحاد الصفراء ومنطقة دخول البيلروبين الى الاثنى عشر[5] نتيجة وجود حصوة أو ضيق في القنوات الصفراوية يسببه نمو سرطاني أو ورم صفي أو تضخم في العقد اللمفاوية . ويمكن تصنيف اسباب اليرقان الانسدادى الى[5] :

أ . الانسداد في خارج الكبد

(Extrahepatic cholestasis):

ويقع الانسداد بالقناة الصفراء الرئيسية (common bile duct) . أما بسبب حصوة أو ورم سرطاني أو تضخم في العقد اللمفاوية أو سرطان خبيث في رأس البنكرياس أو تضيق في القناة الصفراوية أو التهابات وتليف حول قرحة الاثنى عشر أو ورم خبيث في العقد اللمفاوية .[5]

ب • انسداد في داخل الكبد
(Intrahepatic cholestasis) :

ويحدث هذا النوع من اليرقان الانسدادي نتيجـــة التهابات وتليف في القنوات الصفراوية الداخلية الكبدية وقد تسبب بعض الأدوية مثـــل

Methyl testeron, chloro promazine

انسدادا في القنوات الصفراوية الداخلية للكبـــد عند تناولهما بكميات كبيـــرة (6) •

ويستمر افراز الصفراء الا انه لايستطيع المرور الى الاثنى عشر بل يتجمـــع مسببا رجوع البيلروبين المرتبط والمكونات الاخرى للصفراء ودخوله الى المجـــرى الدموي •

ترتفع كمية البيلروبين في الدم خلال اليوم الاول من الاصابة وبعـــد مرور (2-3) أيام تظهر أعراض اليرقان المتميز بـــاصفرار الجلد وبياض العين والاغشية الناعمة ويتلون الأدرار بلون غامق عند ازدياد شدة الأصابـــة (2) •

ويمكن تشخيص انسداد القناة الصفراء الرئيسية بالحصوات عند مـــا يبلغ مستوى البيلروبين في مصل الدم (3-10) ملغرام / 100 سم^3 (7) •

<u>الملامح الكيموائيـــة الحياتية لمرض اليرقان الانسدادي</u>

يصاحب هذا المرض تغييرات كيموائية متنوعة في الخلية ، ونظرا لاهمية هذا التغير الكيموائي الحياتـــي وعلاقته المباشرة وغير المباشرة بما يحدث من تخريبات متنوعة في الانسجة ، لذا فان متابعته في الظروف المرضيـــة هذه تعتبر من الامـــور

المهمة في تشخيص ودراسة هذا المرض .

ومن أهم مميزات اليرقان الانسدادي صفرة الجلد مع وجود كميات كبيرة من الدهون والـ Sterobilinogen في البراز ، ويتميز الاخير بلون باهت ، أما الادرار فيصبح غامق اللون لوجود البيلروبين بنسبة عالية فيه ، أما سبب قلة امتصاص الدهون في الامعاء فيعود الى قلة وجود املاح الصفراء وامتصاص فيتامين K . أما شحة كل من Prothrombin وعامل VII مسببا نزيفا دمويا (5) .

ويلاحظ في بعض امراض الكبد مثل التهاب الكبد الفيروسي زيادة في كمية الحديد في مصل الدم ، الا ان مستواه في اليرقان الانسدادي يكون عادة طبيعيا (8) .

أما الكولسترول فيزداد بصورة طفيفة حيث يبلغ مداه (3-400) ملغم/ 100 سم^3 في مصل الدم (9) عند انسداد القناة الصفراء ، ويكون مستوى الكولسترول في مصل الدم للمرضى المصابين بالسرطان الخبيث المسبب انسداد القناة الصفراء طبيعيا . الا أنه يزداد في حالة المرضى المصابين بحصوة المرارة (10) .

كما ويزداد مستوى الكليسرايد الثلاثي في مصل مرضى اليرقان الانسدادي نظرا لزيادة حركة الاحماض الدهنية من موقع ترسبها (11) ، ويرتفع مستوى كل من اللبيدات الفوسفاتية والبروتين الدهني في اليرقان الانسدادي (12) ،

يبقى مستوى الألبومين في مصل الدم طبيعيا في المرحلة الأولية من انسداد القناة الصفراء وعندما تتأثر خلايا الكبد في المراحل الأخيرة من الاصابة

بالمرض يقل مستوى الالبومين عندئذ كما تقل نسبة α_1-globulin بصورة مرادفة لقلة الألبومين ونظرا لاحتواء كل من B-globulin و α_2 على الليبيدات فينتج من ذلك زيادتهما في اليرقان الانسدادي وبقاء مستوى الالبومين طبيعيا ، حيث يستفاد من هذه التغيرات واعتمادها كطريقة تشخيصية لليرقان الانسدادي [12].

ويعطي اختبار تخزين الكلايكوجين(Glycogen storage Test)نتائج مشابهة للحالة الطبيعية . أما تركيز سكر العنب في مصل الدم فيبلغ حوالي 40 ملغرام / 100 ملمتر خلال ساعة واحدة . ويلاحظ أيضا ان مستوى ارتفاع سكر الدم في المرضى المصابين بانسداد القناة الصفراوية غير المعقد يكون طبيعيا [13] ، ويلاحظ ان البيلروبين لايدخل الى الامعاء كليا في حالة اليرقان الانسدادي الكلي ولهذا يختفي ال Urobilinogen كليا في الأدرار ، بينما تزداد كميته في الادرار في حالات اليرقان غير الانسدادي [1] ، وفي حالة الانسداد في القنوات الصفراوية الداخلية للكبد فيوجد ال urobilinogen في الادرار ، بينما يندر وجود الصفراء . وعندما تتقدم حالة اليرقان يزداد البيلروبين ويقل urobilinogen بصورة ملحوظة [1]. ويعبر اختفاء الـ urobilinogen لمدة 7 أيام متتالية عن انسداد كامل في القناة الصفراء الذى يحدثه مرض سرطاني . أما اذا كان الانسداد جزئيا فان كميته تكون متباينة وقد تكون متزايدة بصورة تدريجية ومحددة في الأدرار [14].

الانزيمات واليرقان الانسدادى

(Enzymes and Obstructive Jaundice)

يتفق مستوى الفوسفاتيز القاعدى في مصل الدم مع ارتفاع الالبيلروبين [4] .

وقد لاحظ Wroblewski ارتفاع في مستوى الفوسفاتيز القاعدى من مصول المرضى المصابين باليرقان الانسدادى بلغ أكثر من 10 وحدات بودانسكي [15] .
وحصل Janustapis في عام 1963 على ارتفاع في نشاط بعض الانزيمات في مصول مرضى اليرقان الانسدادى ، حيث بلغ نشاط كل من ال GPT و GoT (400 وحدة عالمية)، أما مستوى نشاط الـ Aldolase فقد أصبح طبيعيا في 50 % من الحالات ومرتفعا في الـ 50 % من الحالات الاخرى . وكان مستوى الـ Cholinesterase طبيعيا ولم يلاحظ وجود علاقة بين مستوى هذه الانزيمات وقيم البيلروبين [16] . وفي تقرير آخر لوحظت زيادة في نشاط الـ GPT في مصل الدم أكثر منها للـ GoT بينما بلغ مستوى نشاط الأخير في اليرقان غير الانسدادى أكثر منها للـ GPT [15] . وقد استعمل مستوى نشاط كل من الـ GoT و GPT والفوسفاتيز القاعدى في مصل الدم لتفرقه وتشخيص كل من التهاب الكبد الفيروسي عن اليرقان الانسدادى [17] ،
ولوحظ أيضا ان اليرقان الانسدادى الناتج عن انسداد في القناة الصفراوية الرئيسية في الكلاب يزيد من نشاط كل من GPT و GoT بصورة ثابتة أيضا [18] . ويستمر ارتفاعهما وارتفاع البيلروبين في حالات اليرقان الانسدادى بصورة غير متذبذبة [19] . وتبلغ نسبة GoT/GPT في اليرقان الانسدادى أقل من واحد ، بينما تصل في تشمع الكبد أكثر من واحد . ويرتفع مستوى نشاط isocitric dehydrogenase في مصول المرضى المصابين باليرقان

الانسدادى [20] ، ويرتفع نشاط الـ LDH في مصل الدم في حالة تأثير الانسداد على خلايا الكبد في المراحل الاخيرة من اليرقان الانسدادى ٠

الانزيم الناقل لمجموعة الأمين GoT واليرقان الانسدادي

ينتشر الانزيم GoT في القلب والكبد والكلية والفضلات ويعطي صورة واضحة عن الحالات المرضية خصوصا عندما تتضمن تكسر في خلايا تلك الانسجة ، حيث يتحرر من الخلية المتهدمة ويزداد في مصل الدم ٠ ومن هذه الامراض اليرقان [21],[22] ،

ان قمة الزيادة في نشاط الانزيم يحدث مبكرا اثناء ظهور الاعراض السريرية لليرقان (15-6) يوم قبل بلوغ أعلى مستوى للبيروبين ، وبصورة عامة لوحظ هناك توافق بين بداية الاعراض اليرقانية وشدة المرض السريرية [23],[24]

ولوحظ أيضا ارتفاع نشاط الـ GoT في حالة اليرقان الانسدادى المسبب عن الامراض في القنوات الصفراوية خارج الكبد ويبلغ مستواه حوالي 300 وحدة عالمية [25]٠ ويتراوح مستوى الـ GoT في مصل الدم بين ارتفاع طفيف عن الطبيعي وارتفاع قد يصل الى 300 وحدة عالمية [25] ٠ ولا يمكن الاعتماد على نشاط الـ GoT في مصل الدم وحدة في تشخيص اليرقان الانسدادى ويحتاج الى اختبارات تشخيصية اخرى مكملة [26] ٠ ومن الممكن اعتباره كأختبار تشخيصي في حالة امراض الكبد غير الانسدادى مثل التهاب الكبد الحادة وتشمع الكبد واليرقان غير الانسدادى [27],[28] ٠ وذلك لبلوغ مستوى الـ GoT في المرضى المصابين في تهدم خلايا الكبد عدة مرات أعلى من حالات اليرقان الانسدادى [27] ٠

ولقد لاحظ Rangam أن مستوى الـ GoT والـ GPT في مصل الدم يرتفعان في 16 حالة من التهاب الكبد الحاد و 8 حالة في اليرقان الانسدادى و 24 حالة تشمع كبد و 5 حالات من ورم كبدى كما لوحظ أيضا ارتفاع في نشاط كلا الانزيمين في جميع الحالات وبلغ ارتفاع الـ GPT اكثر من الـ GoT في حالة التهاب الكبد الفيروسي (29) . وفي حالات نادرة يبلغ نشاط الـ GoT أكثر من الـ GPT بسبب تحرر الأول الموجود في المايتوكوندريا . أما مستوى نشاط الـ GoT ، فيعبر عن شدة المرض الذى تتعرض له الخلية الكبدية والعجز الكبدى بشكل عام (30) .

ولقد قام كل من الـ Gabriei و Orfanos بدراسة سريرية لـ متناظرات الانزيم GoT في بعض المرضى المصابين بأمراض الكبد واستطاع أن يفصل ثلاث متناظرات بطريقة (DEAE-Sephadex A-50) في أمصال الاشخاص الطبيعيين ومن المصابين بأمراض الكبد المهمة مثل تشمع الكبد والتهاب الكبد الفيروسي والتسمم الكحولي (31) . وقد نتج عن الفصل اختلاف في توزيع ونمط المتناظرات وان الاختلاف في توزيع ونمط متناظرات الـ في مصل الـ ـدم يعطي صورة واضحة عن مقدار تهدم خلايا الكبد

ويتضح من المعلومات التي ذكرناها وفي بحثنا في الادبيات العلمية المختلفة عدم وجود أى اشارة واضحة أو دراسة مفصلة عن متناظرات GoT في امصال مرضى اليرقان الانسدادى لهذا ارتأينا أن يستحق هذا الموضوع أن يبحث في رسالتنا هذه .

متناظرات الانزيم GoT (Isoenzymes of GoT)

تعرف متناظرات الانزيم بصورة عامة بأنها البروتينات التي لها نفس الوظيفة لكنها تختلف من الناحية الفيزياوية والكيمياوية والمناعية والحركية [32].

ويعتقد بأن للانزيم GoT متناظرات عددها بين 1-8 لها نفس الوظيفة وتختلف في أوزانها الجزيئية [31]. ولقد تم فصل وتنقية متناظرين لانزيم الـ GoT احدهما يوجد في المايتوكوندريا والاخر في السايتوبلازم تختلف فيما بينها بالتركيب البنائي [33]. والثوابت الحركية [34] والصفات المناعية [35] وسرعة حركتها نحو الاقطاب واثناء عملية الفصل بالهجرة الكهربائية ويحمل متناظر المايتوكوندريا شحنة موجبة ، بينما متناظر السايتوبلازم له شحنة سالبة [36]. ولقد تم دراسة متناظر المايتوكوندريا في خلايا الكبد بطريقة الهجرة الكهربائية لـ GoT الفأر المصاب بعديد من أمراض الكبد [37].

كما عزل كل من Schwartz و Bondansky في عام 1466 المتناظر الموجب عند استعمال طريقة الهجرة الكهربائية بطريقة (Starch block) لمصل دم الاصحاء [38]. ولم يستطع كثير من الباحثين من فصل متناظر المايتوكوندريا في حالة ضمور العضلات [39]. واستطاع Schmidth et al ان يفصل متناظرين لانزيم GoT من مصل دم المصابين بأمراض الكبد باستعمال طريقة الكروموتوغرافيا . ولم يتمكن من فصل متناظر المايتوكوندريا من مصل دم الاصحاء [40]. ويختفي متناظر المايتوكوندريا بصورة أسرع من متناظر السايتوبلازم ، وذلك بعد حقنهما في الدم [41]. يعود هذا الى ان مقدار الوقت الذي يعيشه متناظر السايتوبلازم في أوعية الدم أكثر

من متناظر المايتوكوندريا [31] . وفي عام 1966 تم استخلاص المتناظر السالب لأنزيم GoT في الانسجة باضافة 50-70% من محلول $(NH_4)_2SO_4$ المشبع [42],[43] . وفي عام 1969 استطاع كل من Michuda and Martincz فصل متناظر المايتوكوندريا من قلب الخنزير بواسطة الكروموتوغرافيا من نوع الـ cm-sephadex الذي يحتوي على ثلاثة أجزاء تختلف بسرعتها في عملية الهجرة الكهربائية [44] أما Gabriell et al فقد استطاع فصل ثلاث متناظرات للـ GoT في مصل دم المرضى المصابين بعديد من أمراض الكبد ، كذلك من دم الاصحاء. وذلك باستعمال (DEAE sephadex A-50) [31] . كما استطاع Al-Mudhaffer Al-Salihi في 1978 من فصل ثلاث متناظرات لانزيم الـ GoT وذلك باستعمال طريقة الجل المبادل للأيونات السالبة (DEAE-sephadex A-50) [45], [46], [47], [48] وقد تم فصل واستخلاص ثلاث متناظرات GoT لغدة الحرير في دودة القز وذلك باستعمال طريقة الهجرة الهلامية [49] .

وفي عام 1976 تم فصل اربع متناظرات لانزيم الـ GoT من ورق السبناخ باستعمال طريقة الهجرة الكهربائية [50] . وفي عام 1979 استطاع كل من Al-Mudhaffer و F. H. Al-Obaydi في فصل ودراسة فيزيائية وكيميائية لمتناظرات الـ GoT في مصل دم المرضى المصابين بسرطان الدم [47] ، كما واستطاع Al-Mudhaffer و Al-Azawi من فصل ودراسة فيزيائية وكيميائية لمتناظرات GoT في مصل دم المرضى المصابين بالكلازار [48] . وتؤكد المعلومات هذه عن عدم ورود أي اشارة

في الأدبيات عن طريقة لفصل متناظرات ال GoT في مصل المرضى المصابين البرقان الانسدادى •

Aim of the Work   هدف هذه الرسالة

ان الدراسات المتعلقة بمتناظرات الانزيم تشير الى نجاح علم الانزيمات في تشخيص كثير من الامراض حيث تعتبر هذه الدراسات أكثر دقة من تلك المتعلقة بنشاط الانزيمات ككل ودراستها الحركية هذه أصبحت مختصة بتمييز نوع المرض الذى يصيب العضو المنتج للمتناظر (47 و 48 و 31) •

ومن هنا تظهر أهمية فصل المتناظرات ودراستها حركيا ، وبالنظر لقدم تطرق الادبيات الى فصل متناظرات ال GoT في مصل المرضى المصابين البرقان الانسدادى وبالنظر لأهمية هذا الانزيم التطبيقية والتشخيصية في كثير من امراض الكبد والقناة الصفراء ، فقد تم فصل ثلاث متناظرات له في الحالة الطبيعية • ودرست الصفات الفيزياوية ووضعت قيم الثوابت الحركية لها (45) و (46) ، ولأجل مقارنتها مع الحالة المرضية فقد ارتأينا في هذه الرسالة أن تفصل وتدرس الصفات الفيزياوية والكيميائية والحركية لمتناظرات أنزيم ال GoT في أمصال مرضى البرقان الانسدادى •

Experimental

<u>المواد المستعملـــة :</u>

وتتضمن :

أ ـ المواد الكيماويـــة

ب ـ العينـــــــات

جـ ـ الأجهـــــــزة

أ ـ المواد الكيماوية Chemicals

وتشمل المواد الاساسية للأنزيم والتي تم شرائها من شركـــــــات أجنبيـة مختلفة ـ وهـــي كالاتـــــي :

حامض الـــ L-Aspartic ، α-ketoglutaric

، حامض HCl ، NaOH ، Na_2HPO_4، $NaH_2PO_4 \cdot 2H_2O$

، K_2HPO_4 ، KH_2PO_4 ، Sodium pyruvate ،

Zinc metal ، HNO_3 بمعيارية 5 ، $CaCO_3$ ، اوكسيـــد

المنغنيز ، 2,4 dinitrophenyl hydrazine، حامـــض

fumaric ، Sodium acetate ، مادة الجـــل

المبادل للأيونات السالبة DEAE-Sephedex A-50

ب ـ العينـــــــات Specimens

تم الحصول على عينات مصل الدم من خلال متابعة 60 مريـــــض مصاب بالبرقان الانسدادي بأنواعه المختلفة والراقدين في مؤسســـة مدينة الطب ـ الطابق الثاني والثالث والخامس ـ والذين تــــم تشخيصهم من قبل أطباء اخصائيين .

يتم سحب 5 سم^3 من الدم في كل مرة من الوريد من حزمة الساعـــد

الامامية بواسطة حضنـــة بلاستيكية وتحفظ العينة في درجة حـــرارة الغرفة (23 - 25) م° ولمدة ساعة واحدة ليتم تخثره ، وغالبـــا مايتم ذلك بـــ $\frac{3}{4}$ ساعة • وبعدها توضع في جهاز الطـــرد المركزى $Janetzki\ T_5$ وتعرض لسرعة (3000) دورة - بالدقيقة ليتم فصل الدم عند الخثرة وتبقى في الجهاز الطرد المركـــزى $\frac{1}{2}$ ساعة لفصل المصل عن باقي محتويات الدم • وقد اجريـــت التجارب على هذه العينات في نفس اليوم الذى تم فيه الحصول عليهـا •

أما في حالة متابعـــة المريض فتؤخـذ العينات قبل اجراء العمليـــة وبعد اجرائها ضمن جدول زمني محدد حيث تجرى التحليـــلات للعينة الاولى قبل دخول المريض لصالة العمليات بيوم واحـــــد ومن ثم تكرر بعد اجـــراء العمليـــة •

جـ- الاجهـــــزة Instruments

تم استعمال الاجهزة التالية في الرســـالـــة :

1- جهاز المطياف من نوع UV. visible spectrophotometer Varian Techtron Model 635 Series.

2- جهاز الهجرة الكهربائيـة Beckman-Microzone Electrophoresis.

3- جهاز لقياس الضغط الاسموزى Halbmikro-Osmometer Model (Knauer).

4- جهاز الطرد المركزى $Janetzki\ T_5$ ذو السرعة القصـوى 5500 دورة بالدقيقـــة •

5- جهاز قياس الرقم الهيد روجيني نوع :

Beckman pH meter SS-1

6- جهاز لقياس تركيز العناصـــــر :

Pye Unicam Ltd-SP 190/191 Atomic Absorption
Single Beam, Spectrophotometer

7- جهاز قياس نقطة تعادل الشحنة :

LKB Ampholine Carrier Ampholytes

8- جهاز التكثيف الـدوار Rotatory evaporator
مجهز من قبل شركة Buchi .

9- جهاز التجفيـد Freeze-drying

10- جهاز النابذة للسرعة العالية Ultracentrifuge

11- جهاز قياس بؤرة تعادل الشحنة Isoelectric focusing

<u>التحاليـــل المستعملــــــة</u>

أولا . قياس نشاط الـ GoT ومتناظراته فـي مصـل دم المرضـــــى المصابين باليرقان الانسدادي .

استعمل لقياس نشاط ال GoT ومتناظراته طريقـــة Frankel) و Reitman) والتي تعتمد على تفاعل oxaloacetate المتفاعل مع (2,4 dinitrophenyl hydrazine) لتكويـــن أحـد مشتقات phenyl hydrazine حيث يمتص الاخيـــر في محلول قاعدي في موجة طولها 510 نانوميتر . (51)

المحاليل المستعملة لقياس نشاط الـ GoT :

1- محلول الفوسفات المنظم (0.1) M :-

يحضر باذابة 13.97 غم من K_2HPO_4 (الوزن الجزيئي 174.18) و 2.69 غم KH_2PO_4 (الوزن الجزيئي 136.09) في الماء المقطر ويكمل الحجم الى 1 لتر فنحصل عندئذ على منظم ذو رقم هيدروجيني 7.4 ويحفظ في الثلاجة لحين الاستعمال .

2- حامض الاسبارتك بتركيز 222×10^{-3} M ويحضر باذابة 2.955 غم من حامض الاسبارتك (الوزن الجزيئي 133.11) في حوالي 20 سم^3 من هيدروكسيد الصوديوم ذو عيارية 1 ثم ينظم حتى يصبح رقمه الهيدروجيني 7.4 (وذلك باستخدام قطرات من هيدروكسيد الصوديوم ذو العيارية 1) ثم يكمل الحجم الى 100 سم^3 بمحلول الفوسفات المنظم ويحفظ في درجة -20م° .

3- الالفا كيتوكلوتارك : (الوزن الجزيئي 146.01) ويحضر باذابة 0.29 غم في قليل من الماء وينظم المحلول ليصبح رقمه الهيدروجيني 7.4 باستخدام قطرات من محلول هيدروكسيد الصوديوم ذو عيارية I ويكمل الى 100 سم^3 بمحلول الفوسفات المنظم ويحفظ في -20 م° .

4- 2,4 dinitrophenyl hydrazine (1×10^{-3} مولاري)

ويحضر باذابة 0.0198 غم من 2,4 dinitrophenyl - hydrazine في 10 سم^3 من حامض HCl المركز

ويكمل الى 100 سم^3 بالماء المقطر ويحفظ في قنينة معتمة بدرجـــــة حرارة الغرفة أو بالثلاجـــة .

5- محلول Sodium pyruvate (2×10^{-3} مولارى)

ويحضر باذابة 0.022 غم من Sodium pyruvate في 100 سم^3 من محلول الفوسفات المنظم ويحفظ في درجة -20 م°

6- هيدروكسيد الصوديوم ذو العيارية 0.4 .

ويحضر باذابة 16 غم من هيدروكسيد الصوديوم في الماء المقطـــــــر ويكمل الحجم الى 1 لتـــر .

7- محلول المواد الاساس المتكون من حامض الاسبارتك والالفاكيتوكلونـــارك على التوالـــي 166.5×10^{-3} M و 1.66×10^{-3} M

ويحضر بتخفيف حجم واحد من الالفاكيتوكلونارك مع 9 أحجـــام من الاسبارتك .

طريقـــة العمـــــل : Procedure

انبوبة الاختبار Test	الضابط Control	انبوبة القياس Standard	كفيء الكواشف Blank
1 سم^3 من محلول المواد الاساسية	1 سم^3 من محلول المواد الاساسية	0.6 سم^3 من المواد الاساسية	1 سم^3 من محلول المواد الاساسية
توضع في حمام مائي بدرجة حرارة 37 م° لمدة 3 دقـــائـــــق			
0.2 سم^3 من مصل الدم يضاف الـــى محلول المواد الاساس ويوضع في حمام مائـــي بدرجة حرارة 37 م° ولمدة 60 دقيقـــة		0.2 سم^3 من الماء المقطر يضاف الى محلول المواد الاساس يضاف 0.4 سم٣ من محلول Sodium pyruvate (2×10^{-3})	0.2 سم^3 من الماء المقطر يضاف الـــى محلول المـــواد الاســـاس .

يضاف 1 سم^3 من محلول 2,4 dinitrophenyl hydrazine ذو تركيز (1×10^{-3} مولارى) الى محلول المواد الاساس لايقاف التفاعل وتمزج جيدا وتترك لمدة 20 دقيقة بالضبط ٠

يضاف 0.2 سم3 من مصل الدم الى انبوبة الضابط وتمزج جيدا ثم يضاف 10 سم^3 من NaOH عيارية 0.4 الى المحاليل وتخلط جيدا وتترك لمدة 10 دقائق ويتم معرفة نشاط الانزيم وذلك بقياس شدة الامتصاص بطول موجي 510 نانوميتر ٠

كمية الـ pyruvate المتكون / دقيقة / لتر من مصل الدم :

$$= \frac{\text{الاختبار} - \text{الضابط}}{\text{القياس} - \text{الكفء}} \times 0.4 \times \frac{1}{60} \times \frac{1000}{0.1}$$

$$= \frac{\text{الاختبار} - \text{الضابط}}{\text{القياس} - \text{الكفء}} \times 67$$

ويمكن تحويلها الى وحدات عالمية / لتر (I.U./L) وهي عبارة عن كمية الانزيم التي تحرر 1×10^{-6} مولارى من المواد الناتجة من التفاعل في الدقيقة الواحدة ٠

ثانيا : <u>فصل وتنقية متناظرات الانزيم GoT من مصل المرضى المصابين باليرقان الانسدادي</u> ٠

تم فصل متناظرات الـ GoT من مصول المرضى المصابين باليرقان الانسدادى باستخدام طريقة كروماتوغرافيا بسيطة وحساسة بدرجة حرارة 10 م° تعتمد على استخدام الجل المبادل للأيونات السالبة

(DEAE - Sephadex A - 50) الذى يمدص الجزيئـــات السالبة الشحنة وتبقى ملاصقــة له ، بينما تبقى الجزيئات الموجبـــــة الشحنة حرة في المحلول المنظم المحيط بحبيبات الجل ، أمـــــا الجزيئات السالبة الشحنة فيمكن فصلها عن حبيبات الجل ، وذلـــك بعملية الروغان التدريجي ، حيث يضاف محلول كلوريد الصوديـــوم وبتراكيز متزايدة تدريجيـــا ٠

<u>المحاليـــل المستعملـــة</u>

1- محلول فوسفات الصوديوم المنظم (بتركيز 0.008 مولارى) ويحضــر باذابة 0.52419 غم من NaH_2PO_4 و 0.65869 غم من Na_2HPO_4 في الماء المقطر ويكمل الحجم الى 1 لتر ليعطي رقم هيدروجيني 7.0 ٠

2- محلول كلوريد الصوديوم بتركيز عيارى قدره 0.4 :
ويحضر باذابة 5.844 غم من كلوريد الصوديوم في 250 سـم^3 من محلول الفوسفات المنظم ذو رقم هيدروجيني 7.0 ٠

3- عالق المادة DEAE-Sephedex A-50
يعلق 0.5 غم من هذه المادة في 200 سم^3 من محلـــول الفوسفات المنظم ذو رقم هيدروجيني 7.0 ويترك العالق لمـــدة ساعة ليركـد ثم يزاح لتماد العملية عدة مرات خلال 24 ساعـــة ليصل حجم الجزيئات الى الاستقرار ٠

طريقـــة العمــــــل

يستخـدم العمـــــــود " Column " بقطر 1 سم وطول 15 سم وتحشر في نهايته السفلى صوف الزجاج لمنع شرب الجل خارج العمود ويحـــاط هذا العمود بأنبوب زجاجي ذا قطر 1.5 سم يلحم نهايتـه السفلـــــى والعليا مع العمود وتكون له فتحة عليا وفتحة سفلى ومن خلال هذه الفتحـــات يمرر تيار مائي بدرجة حرارة 10 م° .

يسكب العالق الى العمود بصورة بطيئة ومتجانسة لمنع تسرب الفقاعـــات الهوائيـة داخل العمود الى أن يصل الى ارتفاع من 7-8 سم ويسكب 1 سم^3 من المصل المرضي ببطء فوق سطح العالق ويترك المصل يتغلغل الى داخـــل الجل وبعدها تبدأ عملية الروغان باضافة 15 سم من المحلول المنظم ويكــون معدل التدفق 1 سم / دقيقة يبدأ بجمع الاجزاء النافحة 2 سم^3 في كـــل انبوبة وبعدها تبدأ عملية الروغان باستعمال كلوريد الصوديوم بتراكيــــز تتراوح مابين (0.2 - 0.3) من الوزن الجزيئي ، ومن ثم تحسب فعاليـــة الانزيم بالطريقـة اللونيـة والتي ذكرت مسبقـــا .

قيـاس كميـة البروتيـن :-

تعين كمية البروتين بالطريقة الطيفية التي تعتمد على قياس الامتصـاص الطيفي للمحاليل الناضحـة في الاطوال الموجية ، 260 ، 280 نانومتر وتطبق معادلة Kalkar[52] لحساب كمية البروتين .

تركيز البروتين (ملغم / سم^3) = D 260x0.76 - D 280 x 1.55

الفعالية النوعية لنشاط الـ GOT في مصل الدم والاجـــــــــزاء .

/

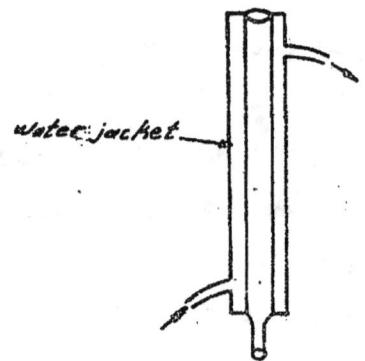

water jacket

Schematic diagram represent
the colum (20 x 1 cm) used for
the seperation of GOT isoenzymes.

الناضحة = الفعالية الكلية (وحدة / سم3) ÷ تركيز البروتين الكلي (ملغم / سم3)

درجة التنقية = الفعالية النوعية للجزء النقي ÷ الفعالية النوعية للجزء الخام (المصل)

ثالثا : متابعة فعالية مجموعة متناظرات الـ GoT وكل من المتناظرات I و II و III و IV اثناء فترة المعالجة (قبل وبعد اجراء العملية الجراحية) لمرضى اليرقان الانسدادى •

يعود سبب اليرقان الانسدادى الى سبب جراحي وتتضمن معالجته بشكل رئيسي ازالة الانسداد بطريقة جراحية ، حيث يعطى بعض الأدوية ضد الهستامين مثل " antistin " لتخفيف الحكة الملازمة لهذا المرض بسبب ارتفاع البيلروبين وتجرى له تحليلات مختبرية تتضمن معرفة مستوى نشاط الـ GoT والـ GpT ومستوى البيلروبين المرتبط وغير المرتبط •

قيست نشاط الـ GoT ومتناظراته الاربع المستخرجة من مصل الدم من خلال متابعة دقيقة ومستمرة قبل وبعد ازالة سبب الانسداد أى قبل وبعد اجراء العملية الجراحية عبر جدول زمني محدد • ويتابع خلالها مدى تغير مستوى نشاط الـ GoT ومتناظراته أو II و III و IV بعد اجراء العملية ورجوع مستوى هذا الانزيم في مصل الدم الى مستواه الطبيعي •

1- تؤخذ عينة من دم المصاب (حوالي 5 سم^3) قبل اجراء العملية الجراحية بيوم واحد حيث تكون أعراض المرض على أشدها والمتميزة بأصفرار الجلد وبياض العين والأغشية الناعمة ويتلون الادرار بلون غامق . هذا بالاضافة الى وجود كميات كبيرة من الدهون في البراز وبهوت لونه وارتفاع في مستوى البيلروبين في مصل الدم اذ يصل الى 3-10 ملغم / 100 سم^3 وانخفاض في مستوى الالبومين في مصل الدم وارتفاع في مستوى β-globulin و α_2 في المصل . أما فيما يتعلق بالانزيمات فيلاحظ ارتفاع في مستوى نشاط الفوسفاتيز القاعدي في مصل الدم الى أكثر من 10 وحدات بودانسكي كذلك ارتفاع في مستوى نشاط كل من GpT و GoT ويبلغ هذا الاخير بعض الاحيان (50-130) وحدة عالمية / لتر .

2- تؤخذ عينة من دم المريض بعد العملية بيوم واحد ويقاس مستوى نشاط الانزيم GoT ومتناظراته ومدى التغير الذي أصاب مستواها بعد ازالة سبب الانسداد بالاضافة الى ذلك يقاس مدى تغير الاعراض الاخرى والتي تتضمن مستوى البيلروبين ومستوى ال GoT وال GpT في مصل الدم .

3- تؤخذ عينة اخرى من دم المصاب بعد العملية بـ 3 أيام ويقاس مستوى الـ GoT وسلوك متناظراته والتغير الذي طرأ عليها بالاضافة الى ذلك يقاس مستوى البيلروبين في مصل الدم .

4- تؤخذ عينة رابعة من دم المصاب بعد اسبوع من اجراء العمليـــــة وتجرى الفحوصات المختبرية الاخرى التي تتضمن مستوى البيلروبيـــن والفوسفاتيز القاعدي والـ GoT في مصل الدم .

5- تؤخذ عينة أخيرة من دم المصاب بعد اسبوعين من اجراء العمليـــة وتعاد عملية القياس للمركبات المختلفـة المذكورة في الفقرات السابقـة .

رابعا : الدراسات الفيزياوية لمتناظرات الـ GoT I و II و III و IV المستخرجة من أمصال مرضى اليرقان الانسدادي

بعد فصل المتناظرات I و II و III و IV من أمصـــال مرضى اليرقان الانسدادي تحتم علينا معرفة صفات هذه المتناظرات الفيزياويــة لغرض الاستفادة منها في مجال توضيح وتفرقة كل منها بالاضافة الى معرفـــة سلوك كل منها في اليرقان الانسدادي .

1- الهجرة الكهربائية لمتناظرات الـ GoT I و II و III و IV

استعمل جهاز الهجرة الكهربائية من نوع
(Microzone Electrophoresis, Beckman-152/Microfage Apparatus).

لمتابعة هذه المتناظرات وهجرتها الكهربائية في أمصال المرضـــى المذكورين وتتلخص طريقة الاستعمال باضافة الاجزاء الناضحة من العمـود والتي تجمع المتناظرات I و II و III و IV الـــى ورقـة خلات السليلوز في خلية الجهاز ويسلط فرق جهد مقداره 250 فولت لمدة 15-18 دقيقة ثم ترفع الورقة وتوضـع في المحلول المثبـت لمدة تتراوح بين 7-10 دقائق ثم تغسل ثلاث مرات متعاقبـــة

بمحلول 5 % حامض الخليك وبعدها توضع في محلول الايثانــــول المعدوم لسحب الماء منها وترفع لتوضــع في المحلول المظهـــــــر لمدة تتراوح بين (1-2) دقيقة ثم توضــع في الفرن بدرجـــــــة حرارة (80 - 100) م° لمدة لا تقل عن 15 دقيقـــــــة .

<u>المحاليـــل المستعملـــــة</u> :-

1- المحلول المنظم Beckman B-2 ذو الرقم الهيدروجينــــــي 8.2 ويحضر باذابة محتوى الطقم الكيماوى الجاهز في 1000 سم^3 من الماء المقطـر .

2- المحلول المثبت Fixative-Dye

ويحضر بتخفيف المحلول المثبت للطقم الجاهز أي 250 سم^3 بحيــث تكون مكوناته كالتالي :

0.2 % من صبغة - Ponceau و 3 % حامـــــــض Trichloroacetate^5 و 3 % من حامـــــــــض Sulfosalicylic .

3- محلول الغسل Rinse solution ويتكون من 5 % مــــن حامض الخليك .

4- محلول الكحول Alcohol Dehydration Solution

المحلول المظهر (Cleaning Solution % 30)

ويحضر بتخفيف 30 سم^3 من Cyclohexanone الى 100 سم^3 بـــالايثانول المعـــدوم .

قياس الوزن الجزيئي باستعمال طريقة قياس الضغط الاسموزي للمتناظر IV

تم قياس الضغط الاسموزي باستعمال جهـــــــــــاز Halb Mikro Osmometer وتتلخص الطريقة باستعمال كؤوس حجميـة تحوى 0.15 سم³ من المحلول حيث يصفر الجهاز باستعمال الماء المقطـــر وبعدها تقاس 400 مل ازمول لمحلول قياسي من كلوريد الصوديوم المحضـــر (بوزن 12.687 غم في لتر واحد من الماء المقطر في 20 م°) ٠وبعدها يبدل المحلول القياسي بالمحلول الحاوى على المتناظر IV (الجزء الناضـــج من العمود والذى يحتوى على متناظر IV من مصل دم المرضى المصابيـــــن باليرقان الانسدادى) ٠ يحضر عدة تخفيفات من المتناظر وثم يقاس الضغــــط الاسموزى لكل تركيز ٠ أما التراكيز المستعملة للمتناظر IV (بال ملغم/سم³) كالاتي : (1.484 0.742 0.371 0.210) ٠

طريقة حساب الوزن الجزيئي

حيث يمثل π = الضغط الاسموزى بالجو

v = حجم المحلول

n = عدد المولات للمذاب

R = ثابت الغازات = 0.0821 لتر جو / مـــول

T = درجة الحرارة المطلقــة

C = التركيز غم / لتـــر

$$\pi = \frac{n}{v} RT$$

$$\pi = MRT$$

$$\pi v = \frac{wt. RT}{M.wt.}$$

$$M.wt. = \frac{wt.}{v} \frac{RT}{\pi}$$

$$M.wt. = \frac{cRT}{\pi}$$

$$M.wt. = \frac{RT}{(\frac{\pi}{c})_{c \quad o}}$$

وتحسب القيمة المطلقة برسم العلاقة بين $(\frac{\pi}{c})$ ضد (C) وتحسب قيمة متقاطع الخط البياني مع Y-axis التي يكون فيها التركيز يساوى صفر •

3- دراسة أطياف امتصاص المتناظرات I و II و III و IV باستعمال أطوال موجية مختلفة تتراوح مابين 200-310 نانوميتر •

تمت هذه الدراسة باستعمال جهاز المطياف-UV. visible spectro-photometer. Varian Techtron Model 635 Series.

وذلك بتغيير الاطوال الموجية ضمن المدى 200-310 نانوميتر أى ضمن موقع الأشعة فوق البنفسجية ثم رسمت الأطياف كالاتي :

أولا_ طيف الامتصاص للمتناظرات فقط •

وذلك باستعمال الاجزاء الناضحة من العمود والحاوية على متناظرات الـ GoT I و II و III و IV حيث يحتوى

المحلول المراد قياس طيفه على 2 مل من الجزء الناضج لكل متناظـــــر فقط .

ثانيا_ طيف الامتصاص للمتناظرات مع موادها الاساس

يحتوى المحلول المراد دراسة طيف امتصاصه على 2 $سم^3$ من الجـــزء الناضج لكل متناظر ويتابع طيف امتصاصه بعد اضافة مواد الاســـــاس المتكونة من 0.9 $سم^3$ من حامض الاسبارتك و 0.1 سم مـــــن الفاكيتوكلوتارك عبر جدول زمني كالاتـــــي :

1- مباشرة عند اضافة مادة الاساس

2- يتابع طيف الامتصاص بعد مرور 10 دقيقة من اضافة 1 $سم^3$ مـــن مواد الاساس (0.9 $سم^3$ من حامض الاسبارتك و 0.1 $سم^3$ مـــن الفاكيتوكلوتارك) الى 2 $سم^3$ من الجزء الناضج لكل مـــــن المتناظرات I ، II ، III ، IV .

3- يتابع طيف الامتصاص بعد مرور 20 دقيقة على اضافـــة 1 $سم^3$ من المواد الاساس الى 2 $سم^3$ من الجزء الناضج لكل مـــــن المتناظرات I و II و III و IV .

4- تعيين نقط تساوى الشحنة لمتناظرات الـــGoT I و II و III و IV .

أ_ لقد تم تعيين نقطة تساوى الشحنة (isoelectric point) لمتناظرات GoT I و II و III و IV باستعمــــــال جهاز LKB Ampholine carrier Ampholytes (انظرالشكل Fig. 11) وباستعمال طريقة القطب الموجـب

في قمة العمود (Anode at the top) والقطب السالـــب في اسفل العمود (Cathod at the bottom) •

وفيما يلي الخطوات المستعملة لتحضير المحاليل المستعملة :

1- يحضر محلول متدرج الكثافة Dense gradient solution من اذابة 27 غم من السكروز في 32.3 سم^3 من الماء المقطـــر ويضاف اليه 2.7 سم^3 من النموذج Ampholine ذو الرقـــم الهيدروجيني (3.5 - 8) مع 2 سم^3 من النموذج المحضـــر من خليط المتناظرات الاربـــع ويمزج جيدا في المكان المخصـــص له في الجهـــاز •

2- محلول متدرج الكثافة الخفيف Light gradient solution يذاب 2.7 غم من السكروز في 51.3 سم^3 من الماء المقطـــر ويضاف اليه 2.75 سم^3 من Ampholine ذو الرقـــم الهيدروجيني (3.5-8) ويمزج جيدا ويوضع في المكـــان المخصص له في الجهاز •

3- محلول القطب السالب : يذاب 15 غم من السكروز في 15 سم ^{3} من الماء المقطر ويضاف اليه 6 سم^3 من NaOH I.

4- محلول القطب الموجب : يضاف 1.5 سم^3 من H_3PO_4 • ذو عيارية I الى 8.5 سم^3 من الماء المقطر ، وتتبع نفـــس خطوات العمل في التعليمات المرفقة مع الجهاز ويسلط فرق جهـــد

ابتدائي قدره 1600 فولت لمدة 24 ساعة ثم يزيد الـى 1800 فولت لمدة 26 ساعة المتبقيـة من الفصـل .

بعد عملية الفصل يفرغ العمود (110) مل من محتوياته حسب التعليمات المرفقة بحيث يحتوى كل انبوب 3 سم3 من الجزء المجموع وبمعدل 3 سم3 / دقيقة وتعين كمية البروتين لكل جزء يقرأ الامتصاص في موجة طولها 280 نانوميتر ، كما يقرأ الرقم الهيدروجيني pH لكـل جزء .

ومن رسم العلاقة بين الرقم الهيدروجيني والامتصاص الطيفي A 280 وعدد الاجزاء المجموعة فان تقاطع خط الرقم الهيدروجيني مع خط البروتين تعطي قيمة pI لذلك الجزء .

ب ـ تعيين نقاط تساوى الشحنة لمتناظرات الـ GoT الاربع باستعمـال جهـاز (LKB 2117 Multiphor system) ويتكون الجهاز المستعمل في هذه التجربة من وعاء المحلول المنظم (buffer tank) وغطاء شفاف transparent cover وصفيحة التبريد المستطيلـة (rectangular cooling plate) كما في الشكـل التخطيطي (صفحة 32-33) ، وتوضع العينات التي تشمل المتناظرات للأنزيم GoT ويجرى تثبيتها باستعمال جهد كهربائي ثابت على صفائح الفصل (LKB Ampholine Plates PAG) ذات الارقام الهيدروجينيـة المتدرجة (3.5 - 9.5) . وبعد ذلك تجرى الخطوات التاليـة :

-1 توضع صفيحة الفصل على القاعدة (template) المثبتـة على صفيحة التبريد ويستعمل دهن البارافين الخفيف للفصل بيـن

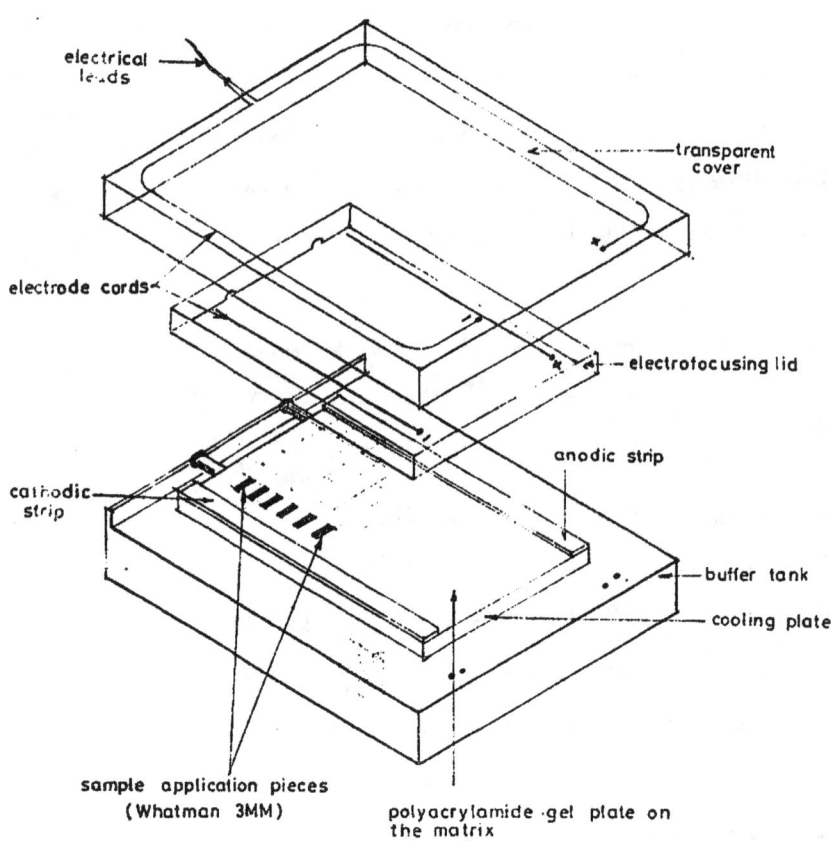

electrical
leads

transparent
cover

electrode cords

electrofocusing lid

cathodic
strip

anodic strip

buffer tank

cooling plate

sample application pieces
(Whatman 3MM)

polyacrylamide gel plate on
the matrix

Experimental set-up of analytical electrofocusing.

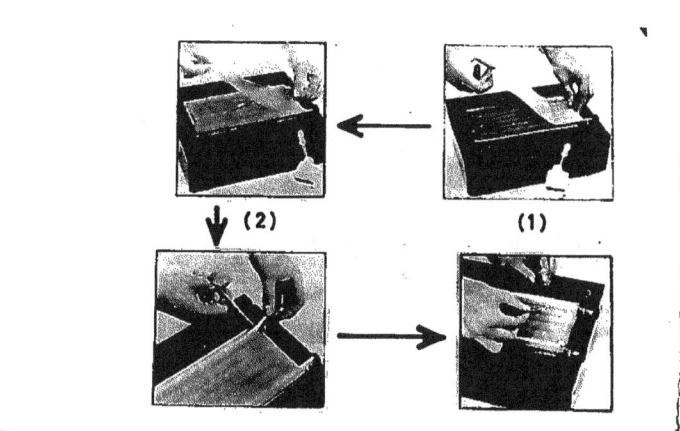

(2)　　　　　　　　　(1)

Photographic representation of some of the steps of
analytical isoelectric focusing.

وحدة التبريد والقاعدة ، وكذلك بين القاعدة والصفائح لمنع تكـــــون الفقاعات الهوائيـــة •

2- يغمر شريط القطب السالب في محلول (1 M NaOH) ، بينمـــا يوضع شريط القطب الموجب في محلول ($1\ M\ H_3PO_4$) ويثبـــت القطبان على صفيحة الفصل بعد ذلك يوضع غطاء الجهاز •

3- يبدأ تشغيل الجهاز بتسليط جهد قدره 1400 فولت وقدرة مقدارهـــا (24) واط (Watt) لمدة (30) دقيقة ، وذلك لتكويـــن الرقم الهيدروجيني المتدرج (pH gradient formation)

4- يجرى الفصل باستعمال شرائح ورقية صغيرة من نوع (واتمان بقطر 3mm) وبأبعاد (0.5 x 1 cm) والتي تكون مشبعة بنماذج البروتين وتوضع كل منها على بعد 2 سم^3 من حافة القطب السالب •

5- يبدأ تشغيل الجهاز بنفس الظروف السابقة لمدة (30) دقيقـــة ترفع بعدها الشرائح الورقية الصغيرة ويشغل الجهاز مرة اخـــرى ولمدة (60) دقيقـــة •

6- يقاس الرقم الهيدروجيني المتدرج على صفيحة الفصل باستعمال القطـــب الزجاجي المسطح (Surface glass electrode).

7- يشغل الجهاز مرة اخرى ولمدة 10 دقائق وذلك للحفاظ على المناطـق المحددة والتي ربما قد انتشرت خلال قياس درجة الأس الهيدروجيني •

8- ترفع صفيحة الفصل (الجل) وتعامـل كالاتـــي :

أ ــ يغمر الجل في المحلول المثبت (fixing solution)

17.3 غم في Sulphosalicylic acid + 57.5 غم

من Trichloroacetic acid في 500 سم^3 في الماء

وذلك لتثبيت البروتينات .

ب ــ يغمر الجل في الــ destaining solution ،

500 سم^3 من الكحول الاثيلي + 160 سم^3 من حامض

الخليك الثلجي + 1340 سم^3 من الماء لمدة (15 - 30)

دقيقة لغسل الــ Ampholine المتبقي .

جـ ــ يصبغ الجل بغمره في (staining solution) 0.46 غم

في Coomasie Brilliant blue + 400 سم^3

من destaining solution ولمدة (10) دقائق

في درجة حرارة 60 م° .

د ــ تزال الكمية الفائضة من الصبغة بواسطة غمر الجل في

(destaining solution) ولمدة مرات

الى أن تزال الصبغة تماما ، عدا حزم البروتين المصبوغة

(هذه العملية تحتاج عادة الى ليلة كاملة) .

هـ ــ يغمر الجل بعد ذلك في المحلول الحافظ (preserving

solution) الذي يحوي (10 % حجم / حجم) من

الكليسرول لمدة (0.5-2) ساعة . بعد ذلك يوضع الجل على

شريحة زجاجية ويغطى بورق سيلوفين (Cellophane)

مغمورة بنفس المحلول ولمدة دقائق ، على أن لاتتكون فقاعات هوائية .

خامسا · الدراسات الكيميائية لمتناظرات الـ GoT المستخرجة من مصل مرضى اليرقان الانسدادى ·

أ – الدراسات الحركية لأنزيم الـ GoT ومتناظراته I و II و III و IV في مصل مرضى اليرقان الانسدادى ·

1- تعيين التركيز الامثل لمادة الأساس حامض الأسبارتك ·

تمت دراسة تأثير التراكيز المختلفة لحامض الأسبارتك على سرعة التفاعل للمتناظرات الاربع المستخرجة من مصل دم المرضى المصابين باليرقان الانسدادى للمراقبين باستعمال الطريقة المذكورة (في الجزء العملي الاول (1)) لقياس سرعة التفاعل ، حيث تثبت تركيز المادة الأساس الفاكيتوكلوتارك واستعملت تراكيز متعددة من حامض الأسبارتك حسب خليط التفاعل التالي :

0.2 سم^3 من احد المتناظرات I ، II ، III ، IV ،

0.1 سم^3 من 1.66×10^{-3} مولارى للمادة الاساس الفاكيتوكلوتارك ،

أما تراكيز مادة الأساس حامض الأسبارتك محسوبة بالوزن الجزيئي الغرامي النهائي في خليط التفاعل ، فكانت 0.9 سم^3 من :

(37 ، 55.5 ، 74 ، 92.5 ، 129.5 ، 166.5 ، 172.5 ، 185) $\times 10^{-3}$ مولارى · ويتم التفاعل في حمام مائي ذو درجة حرارة 37 م° ورقم هيدروجيني 7.4 ومن رسم العلاقة بين سرعة التفاعل وتركيز المادة الاساس لحامض الأسبارتك تم حساب التركيز الأمثل لحامض الأسبارتك حيث تصل فيه سرعة

التفاعل الى قيمتها القصوى •

2- تعيين التركيز الامثل للمادة الاساس الفاكيتوكلوتارك :

استعملت الطريقة المذكورة في (الجزء الخامس أ (1)) لحساب التركيز الامثل لمادة الاساس الفاكيتوكلوتارك لمتناظرات أنزيم الـ GoT I و II و III و IV باستعمال تركيز (166.5×10^{-3}) لحامض الاسبارتك وتراكيز متعددة من الفاكيتوكلوتارك محسوبة بالوزن الجزيئي الغرامي ورقم هيدروجيني 7.4 وهي كالاتي : (0.34 و 0.52 و 0.66 و 1.02 و 1.33 و 1.66 و $2.02) \times 10^{-3}$ مولارى 0.2 من احد المتناظرات I و II و III و IV •
يتم التفاعل بدرجة حرارة 37 م°

3- تطبيق معادلة ميكيلس منتن لتعيين قيمة Km للأسبارتك الفاكيتوكلوتارك باستعمال الطرق المذكورة اعلاه (1 ,2) للمتناظرات I و II و III و IV في مصل المرضى المصابين باليرقان الانسدادى • واستعملت الطريقة الخطية الاعتيادية (التي استعملت لحساب التركيز الأوفق) لتعيين قيمة Km •

4- تعيين قيمة K للاسبارتك والالفاكيتوكلورتاك لمتناظرات GoT I و II و III و IV في مصل المرضى المصابين باليرقان الانسدادى •

من نتائج الطرق المذكورة في (1 و 2 و 3) أتضح أنه من الممكن تعيين قيمة الثابت K لجميع متناظرات الـ GoT التي أعطت شكلا سينيا عند رسم (V ضد S) حيث V تعني سرعة و (S) تركيز مادة الأساس حامض الأسبارتك أو الفاكيتوكلوتارك

38

واستعملت الطرق التالية لتعيين قيمة K :

أ ـ الطريقة الخطية الاعتيادية التي استعملت لحساب التركيز الأوفق المذكورة
اعلاه ٠

ب٠ طريقـــــة هــل ٠

5 ـ تأثير درجة حرارة المتفاعل على نشاط المتناظرات I و II و III و IV

وقد تم التفاعل في حمام مائي بدرجات حرارة مختلفة ولمدة 60 دقيقــــة
ومواد الاساس كانت محضرة برقم هيد روجيني 7٠4 واستعملت تراكيزهـــــا
المثلى في درجات الحرارة التالية : (27 و 37 و 47 و 57
و 67) درجة مئوية ٠ أما التراكيز المثلى المستعملة فكانت :
لحامض الاسبارتك 172.5 x 10^{-3}M، 129.5 x 10^{-3}M ٠
166 x 10^{-3}M و 129.5 x 10^{-3}M للمتناظرات I و II و
III و IV على التعاقب ٠ أما لحامض الفاكيتوكلوتارك فقد بلغـــت
1.02 x 10^{-3}M، 1.66 x 10^{-3}M، 1.66 x 10^{-3}M ٠
1.33 x 10^{-3}M وللمتناظرات I و II و III و IV على
التوالـــي ٠

6 ـ تأثير زمن التفاعل على نشاط كل من المتناظرات I و II و III و
IV لانزيم GoT ٠

أ ـ تم التفاعل بحمام مائي بدرجات حرارة مثلى لكل متناظر وتراكيز مثلـــى
لمواد الاساس حامض الاسبارتك والفاكيتوكلوتارك ورقم هيد روجيني (7٠4)
لكل متناظر واستعمل 0٠2 سم^3 من كل متناظر وأوقات زمنيـــــة

مختلفة (½ ساعة ، 1 ساعة ، 1½ ساعة ، 2 ساعة) وحسب الجدول التالي :

المتناظر	التراكيز المثلى لمواد الاساس L-Aspartic acid (M)	التراكيز المثلى لمواد الاساس α-ketoglutaric (M)	درجات الحرارة المثلى (°م)
I	$10^{-3} \times 172.5$	$10^{-3} \times 1.02$	57
II	$10^{-3} \times 129.5$	$10^{-3} \times 1.66$	37
III	$10^{-3} \times 166.5$	$10^{-3} \times 1.66$	37
IV	$10^{-3} \times 129.5$	$10^{-3} \times 1.33$	57

ب ـ واعيدت التجربة اعلاه (أ من جزء 6) .

لملاحظة زمن التفاعل اللازم لاعطاء اعلى نشاط لمتناظرات GoT I و II و III و IV (المستخرجة من مصل مرضى اليرقان الانسدادي) عند استعمال تراكيز واطئة من مواد الأساس حامض الاسبارتك والالفاكيتوكلوتارك وبأوقات زمنية مختلفة حسبما يلي :

المتناظر	تراكيز مواد الأساس L-Aspartic acid (M)	تراكيز مواد الأساس α-ketoglutaric (M)	زمن التفاعل المستعمل (دقيقة)
I	$10^{-5} \times 2.5$	$10^{-3} \times 4.35$	20, 10
II	$10^{-5} \times 5.04$	$10^{-6} \times 0.562$	60, 30,
III	$10^{-5} \times 4.82$	$10^{-6} \times 1.09$	
IV	$10^{-5} \times 8.1$	$10^{-6} \times 0.184$	

7- تأثير درجة الحرارة على قيمة الثابت K

لقد تمت دراسة تأثير درجة الحرارة على قيمة K للمتناظرات I و II و III و IV باستخدام تراكيز مختلفة للمادة الأســـــاس حامض الاسبارتك وبرقم هيدروجيني 7.4 :

(55 و 92.5 و 120 و 166.5 و 172.5 و 185) $\times 10^{-3}$ مولارى للمتناظر I . أما المتناظرات II و III و IV فكانت تراكيز حامض الاسبارتك (55 و 92.5 و 120 و 166.5 و 172.5) $\times 10^{-3}$ مولارى . واستعمل 0.2 سم^3 من كل متناظـــر

أما تراكيز المادة الاساس الفاكيتوكلوتارك فاستخدم أوفقهـــــــــــا للمتناظرات I II III IV وكالاتـــــي :

(1.02 و 1.66 و 1.66 و 1.33) $\times 10^{-3}$ مولارى على التوالـــي .

8- تأثير الرقم الهيدروجيني على قيم الثابت K .

لقد تم دراسة تأثير الرقم الهيدروجيني على قيم الثابت K للمتناظـــرات I و II و III و IV بنفس الطريقة المذكورة اعـــــــــلاه باستعمال أرقام هيدروجينية مختلفة (6.6 و 7.2 و 7.4 و 7.6 و 7.8 و 8 و 8.5) واستعمال درجـات الحرارة المثلى بالحمـــام المـــــائي لكل متناظـــر :

المتناظـــــــــــر	درجة الحرارة المثلى (م°)
I	57
II	37
III	37
IV	57

واستعمل 0.2 سم3 عن كل متناظر لاجراء التفاعل .

9- تأثير الرقم الهيدروجيني على نشاط المتناظرات I و II و III و IV باستعمال ارقام هيدروجينية مختلفة (6.6 و 7 و 7.4 و 7.8 و 8 و 8.2) لمحلول الفوسفات المنظم بتركيـــــز 0.1 مولارى واستعملت التراكيز الوقفى التالية لكل متناظر من مـــواد الأساس ودرجات الحرارة المثلى ولمدة 60 دقيقة .

المتناظـر	التراكيز المثلى لمواد الاســـــــاس		درجات الحرارة المثلى م°
	L-Aspartic acid (M)	α-ketoglutaric (M)	
I	172.5×10^{-3}	1.02×10^{-3}	57
II	129.5×10^{-3}	1.66×10^{-3}	37
III	166.5×10^{-3}	1.66×10^{-3}	37
IV	129.5×10^{-3}	1.33×10^{-3}	57

10- معرفة التراكيز المثلى لمتناظرات الـ GoT I و II و III و IV وفي هذه التجربة استعملت القيم المثلى لدرجات الحرارة ، تراكيـــز مواد الاساس ، الرقم الهيدروجيني ، زمن الحضن لكل متناظـــر. واستعملت تراكيز مختلفة من المتناظرات لمعرفة أمثلها تركيزا لكل منها .

11- تثبيط متناظرات الـــ GoT I و II و III و IV في اليرقان الانسدادي .

1- باستعمال خلات الصوديوم

لقد تمت دراسة تأثير خلات الصوديوم على نشاط متناظرات ال GoT I و II و III ، IV وبوجود المنظم بتركيــز 0.1 مولاري ورقم هيدروجيني 7.4 . وقد كانت تراكيز خـــــلات الصوديوم كالاتي :

(0 ، 0.02 ، 0.06 ، 0.08) مولاري . أمـــا تراكيز حامض الاسبارتك فقد بلغت (55 ، 92 ، 120 ، 166.5 ، 172.5) $x\ 10^{-3}$ مولاري لكل من المتناظـــرات II و III و IV . أما تراكيز حامض الاسبارتـــك المستعمل للمتناظر I فقد بلغت (55 ، 92 ، 120 ، 166.5 ، 172.5 ، 185) $x\ 10^{-3}$ مولاري .

أما التراكيز المثلى والفاكيتوكلوتارك لكل متناظر كالاتـــــي : (1.02 ، 1.66 ، 1.66 ، 1.33) $x10^{-3}$ مولاري لكل من المتناظرات I و II و III و IV علـــى التوالي .

2- استعمال حامض Fumaric

لقد تمت دراسة تأثير حامض Fumaric على نشاط متناظرات الـ GoT • وقد كانت تراكيز حامض Fumaric كالاتي :

(0 ، 0.02 ، 0.06 ، 0.08) مولارى باستعمال التراكيز المذكورة في (1 من جزء 11) من مواد الأساس •

ب - قياس تراكيز المنغنيز ، الكالسيوم ، النحاس والخارصين لمتناظرات الأنزيم GoT I و II و III و IV في مصل المصابين باليرقان الانسدادى •

تم قياس تراكيز العناصر باستعمال جهاز الامتصاص الذرى

Pye Unicam Ltd.
Unicam SP 190/191, Atomic Absorption Single beam spectro-photometer.

ويتم عمل الجهاز باستخدام أعلى قيمة للحساسية ثم يصفر باستعمال الماء العديم الايونات deionized water ويشغل كفيء الكواشف Blank ، وتتم عملية تعديل Calibration باستعمال محاليل قياسية وتراكيز مختلفة حيث يوضع المحلول على تراكيز عالية من العناصر ثم يصفر بكفيء الكواشف Blank ويستعمل المحلول الحاوى على نصف التراكيز ويعطى نصف قراءة الامتصاص للتأكد من حساسية الجهاز وتوضع بعدها الاجزاء

الناضحة للأنزيم وتقاس تراكيز العناصر بـ جزء من المليون ppm.

<u>المحاليـــل المستعملـــة</u>

1- محلول خزين النحاس بتركيز 100 ملغم / لتر :

يحضر باذابة 0.1 غم من عنصر النحاس النقي في 20 سم^3 من HNO_3 5N و ويكمل الحجم الى اللتر بالماء ويخزن في قنينة بلاستيكيـــة ثم نحضر منه محاليل اخرى بتراكيز : 10 ملغم / لتر ، 100 مايكروغرام / لتر .

2- محلول خزين الزنك بتركيز 100 ملغم / لتر :

ويحضر باذابة 0.1 غم من عنصر الخارصين في 10 سم^3 مــــن HCl , 5N ويكمل الى اللتر بالماء المقطر . ثم نحضر محاليل بتراكيــز 10 ملغم / لتر ، 100 مايكروغرام / لتر .

3- محلول خزين الكالسيوم بتركيز (2.5 mM/L) :-

يحضر باذابة 0.2496 غم من كربونات الكالسيوم في قليـــل من حامض HCl المركز ويكمل الحجم الى اللتر بالماء المقطر ويحضـــر منه محلول بتركيز (0.25 mM/L) .

4- محلول خزين المنغنيز بتركيز (7.5 mM/L)

يحضر باذابة 0.182 غم من اوكسيد المنغنيز في قليل من HCl ويكمل الى اللتر بالماء المقطر ويحضر منه محلولين بتركيز 0.75 mM/L و 0.075 mM/L .

5- Sodium Stock Solution بتركيز 140 mM / Na$^+$

يحضر باذابة 8.2 غم من كلوريد الصوديوم ويكمل الحجم الى اللتر بالماء المقطر .

Results & Discussion

النتائج والمناقشة

فصل وتنقية متناظرات الـ GoT في مصل المرضى المصابين باليرقان الانسدادي

استخدمت طريقة كروموتوغرافيا مبسطة تعتمد على الترشيح بالجل المبادل للأيونات السالبة DEAE-sephadex A-50 والمستعملة ايضا في الحالة الطبيعية ٠

يوضح (Fig. 1) فصل ثلاث متناظرات للأنزيم في مصل الدم الطبيعي تظهر على شكل ثلاث قمم استعملت للمقارنة مع الحالة المرضية الموضحة في (Fig. 2) حيث فصلت أربع متناظرات للأنزيم من مصل المرضى المصابين باليرقان الانسدادي ، حيث تظهر على شكل أربع قمم في مواقع مشابهة للحالة الطبيعية ولكن بوجود قمة رابعة تظهر مابين القمة الثانية والثالثة ٠

كان معدل الفعالية للمتناظر I (5.7 وحدة عالمية / لتر) بينما في الحالة الطبيعية بلغ 1 وحدة عالمية / لتر ونزل اثناء عملية الروغان بمحلول الفوسفات المنظم ، وقد تميز المتناظر II بموجب الشحنة وكان معدل فعاليته 20 وحدة عالمية / لتر ، بينما بلغ معدل فعاليته في الحالة الطبيعية 4 وحدة عالمية / لتر ، حيث ازدادت فعاليته بمعدل 5 مرات عن الحالة الطبيعية ونزل ايضا خلال عملية الروغان بالمحلول المنظم ٠ أما المتناظر III فكانت معدل فعاليته 6.7 وحدة عالمية / لتر لمرضى اليرقان الانسدادي ، بينما لايوجد هذا المتناظر في الحالة الطبيعية ٠

أما المتناظر IV فقد بلغت فعاليته 22 وحدة عالمية / لتر في مصول اليرقان الانسدادى ومشابـــه للمتناظر III المستخرج من الحالة الطبيعية ذو معدل فعاليـة 2 وحدة عالمية / لتر ٠ وينزل كل من المتناظر III و IV خلال عمليـة الرحلان الكهربي بمحلول كلوريد الصوديوم ، حيث يمــــدص بواسطة الجل المبادل للأيونات السالبـة DEAE-sephadex A-50

ومن هذا فان كل من المتناظرين III و IV يحملان شحنة سالبــــــة بعكس المتناظرين اللذين لا يمدصان بواسطة الجل ، حيث يحملان شحنـــــة موجبـة وهذه النتائج تتفق مع رأى Gabrielli et al حيث فصل متناظريــــن موجبي الشحنة ومتناظر ثالث سالب الشحنة من مصل دم الأصحاء والمرضى المصابيــن باليرقـان غير الانسدادى وتشمع الكبد ، وذلك باستخدام الجل المبادل للأيونـــات السالبة DEAE-sephadex A-50 (31) ٠

وبهذا يمكن اعتبار هذه الطريقة كطريقة تشخيصية لمرضى اليرقان الانسدادى حيث قد فصلت اربع متناظرات للـ GoT في مصل الدم بهذه الطريقة ، بينمـــا استطاع Al-Mudhaffar من فصل ثلاث متناظرات في مصل الاشخـــاص الطبيعيين وباستعمال نفس الطريقة المذكورة أعلاه (45) ٠

ان ظهور هذا المتناظر الجديد (III) يعود الى عدة احتمـــــالات منهـا :

أولا ٠ يعقب الانسداد الطويل الأمـد تهـدم في خلايا الكبد مسببا طـــرح هذا المتناظر المتكون فــي الكبـــد ٠

ثانيا ٠ قد يتكون هذا المتناظر في الكبد ولكن بكميات قليلة غير محسوسة ولا يمكن فصله بطريقة الجل المبادل للأيونات السالبة DEAE-sphedax A-50 حيث يسبب الانسداد في القنوات الصفراوية الداخلية والخارجية للكبد تجمعه ، ومن ثم رجوعه الى المجرى الدموى (أى قد يسلك سلوك مشابه للبليروبين عند تجمعه ومن ثم رجوعه الى المجرى الدموى) وبهذا يرتفع بكمية محسوسة في المصل يمكن فصله بهذه الطريقة ٠

قياس نشاط الانزيم ومتناظراته I و II و III و IV في مصل دم المرضى المصابين باليرقان الانسدادى

لوحظت زيادة كبيرة في فعالية انزيم الـ GoT في مصل دم المرضى باليرقان الانسدادى يتراوح قيمته (50-130) وحدة عالمية / لتر ٠

لاتوجد أية اشارة في الادبيات عن قياس فعالية متناظرات الـ GoT في مصل مرضى اليرقان الانسدادى ولهذا فقد أرتأينا قياس فعالية المتناظرات ونمط توزيعها ٠

يوضح الجدول (1) فعالية متناظرات الـ GoT في مصل مرضى اليرقان الانسدادى ، فيلاحظ زيادة في فعالية المتناظر I بلغت قيمته (3.5 - 8) وحدة عالمية / لتر في كل أنواع اليرقان الانسدادى ٠ أما المتناظر فقد ارتفعت فعاليته بصورة ملحوظة حيث بلغت 5 مرات أكبر من الحالة الطبيعية ٠ أما المتناظر III فقد بلغت فعاليته 6.7 وحدة عالمية/لتر

واخيرا فقد ارتفعت فعالية المتناظر IV ارتفاعا ملحوظا بلغـــــت (36.8) وحدة عالمية / لتر •

ان سبب الزيادة في متناظرات الانزيم I GoT و II و III و IV يعود الى تهدم خلايا الكبد وتضخم الطحال في بعض انواع اليرقـــان الانسدادى حيث تطرح هذه المتناظرات بكمية كبيرة الى مصل الدم • تعـــود احيانا الزيادة الى تجمع هذه المتناظرات نتيجة الانسداد ، ومن ثم رجوعهـــا الى المجرى الدموى حيث ترتفع بصورة ملحوظـــة •

يبين الجدول (1) كمية البروتين في كل من المتناظرات حيـــث يحتوى المتناظر I على كمية لابأس بها من البروتين • أما المتناظـــران II و III فيحتويان على كمية قليلة من البروتين • وبهذا يكون درجـــة تنقيتهما أعلى من المتناظر I فقد بلغت درجة تنقية المتناظران II و III كالاتي : 73 ، 33 على التوالي • أما درجة تنقية المتناظر I فهـــي 8 • الا ان المتناظر IV فيحتوى على كمية من البروتين أكبر مـــن المتناظرين III و II وبلغت درجة تنقيته (43) •

متابعة توزيع متناظرات انزيم الـ I GoT و II و III و IV في مصل المرضى المصابين باليرقـــان الانســـدادى

لقد تمت متابعة نشاط الـ GoT ومتناظراته الاربع اثناء معالجـــة المرضى المصابين باليرقان الانسدادى والتي تضمنت بشكل رئيسي ازالـــة سبب الانسداد بطريقة جراحية حيث قيست فعالية الـ GoT ومتناظراتـــه

الأربع والمستخرجة من مصل الدم من خلال متابعة دقيقة ومستمرة قبل وبعد اجراء العملية الجراحية عبر جدول زمني محدد .

لقد اعطت هذه المتابعة المذكورة في الجزء العملي (ثالثاً) نتائج جيدة والتي تضمنت رجوع مستوى الـ GoT في مصل الدم الى مستواه الطبيعي بعد حوالي اسبوعين على الأكثر واختفاء المتناظر III وهو المتناظر الجديد بعد يوم واحد فقط من اجراء العملية الجراحية لازالة سبب الانسداد . وقد تم تنقية وفصل متناظرات الـ GoT في كل مرحلة من الجدول الزمني المذكور في الجزء العملي وتمت ملاحظة مدى تغير مستوى ونمط متناظرات الـ GoT في مصل الدم . ويتضح من الجدول (Fig. 3) بأن فعالية المتناظرات I و II و III و IV قبل اجراء العملية الجراحية بيوم واحد كانت (5.7 ، 20 ، 6.7 ، 22) وحدة عالمية / لتر على التوالي . وبعد يوم واحد من ازالة سبب الانسداد بالطريقة الجراحية تم فصل ثلاث متناظرات من الـ GoT حيث اختفى المتناظر III (وهو المتناظر الجديد الذى ظهر في حالة اليرقان الانسدادى والذى لايوجد في الحالة الطبيعية) وهذا مايثبت احتمالية تكون هذا المتناظر في الكبد في الحالة الطبيعية ولكن بكمية قليلة وغير محسوسة بالطريقة التي استعملت بواسطة Al-Mudhafar (45)، (46)، (47) ولكن الانسداد الحاصل في القنوات الخارجية والداخلية للكبد سبب تجمعه ، ومن ثم رجوعه الى المجرى الدموى وارتفاع مستواه وبمجرد ازالة سبب الانسداد رجع الى مستواه الطبيعي حيث اختفى في عملية الفصل لمتناظرات

ال GoT بعد يوم واحـد من العمليـة الجراحيـة ٠

أما من ناحية مدى تغير مستوى نشاط المتناظرات الثلاث الاخــــرى أو II و IV ، فان المتناظر I بلغ مستواه بعد (1 3 8) يوم:- (4 3.5 2.5) وحدة عالمية / لتر على التوالي ، حيث عاد تقريبـــا الى مستواه الطبيعي ٠ أما المتناظر II فبلغ مستوى نشاطه في مصـل الـــدم بعد (1 3 8) يوم:- (10 7.5 5.5) وحدة عالمية / لتر على التوالـــي ورجع تقريبا الى مستواه الطبيعي ٠

واخيرا رجع المتناظر IV تقريبا الى مستواه الطبيعي في مصل الــــدم بعد (1 3 8) يوم من اجراء العملية الجراحيــة وبلغ مستواه كالاتـــي بـــ (16.5 9.8 5.7) وحدة عالمية / لتر على التوالـي ٠

ان رجوع مستوى نشاط هذه المتناظرات بصورة تقريبية الى المستـــوى الطبيعي يعود الى مصاحبة حالات اليرقان الانسدادي تلف في خلايـــا الكبد مما يسبب طرح هذه المتناظرات الى مصل الدم ونحتاج الى وقت طويـــل الى أن يرجع الكبد الى وضعه الطبيعي حيث تعود مستوى هذه المتناظـــرات الى مستوى نشاطهم الطبيعي وليس مـــن الممكن متابعة المرضى أكثـــر مـــن اسبوعين بعد اجراء العملية الجراحيـة بسبب خروج المرضى من المستشفـــى لاعتبار حالتهم قد تماثلت الى الشفاء ٠ حيث يقل مستوى البيلروبين بعد حوالـــي اسبوعين من اجراء العملية الجراحية حيث يتراوح (0.6-0.8) ملغم/100سم^3 بينما بلغ مستواه في مصل الدم قبل اجراء العملية الجراحية (12.8) ملغم/100سم^3 ويرتفع مستوى نشاط الـــ GPT في مصل الدم قبل اجراء العملية حيث يبلـــغ

معدل فعاليته (165) وحدة عالمية / لتر ويقل مستوى نشاطه بعد اجـــراء العملية تدريجيا حيث يصبح مستواه بعد اسبوعين (20-3) وحدة عالمية / لتـر وكذلك يرتفع مستوى الفوسفاتيـز القاعدى في مصل الدم حيث يبلغ مستوى نشاطـه حوالي (243) وحدة عالمية / لتر قبل العملية الجراحية ويقل تدريجيـــا بعد اجراءهـا حيث يتراوح (50-85) وحدة عالمية / لتر ٠

بعد عملية فصل وتنقية المتناظرات الاربع للـ GoT ومتابعـــة نمط توزيعها اثناء المعالجة لذا فمن الضرورى دراسة الخواص الفيزياويـــة والكيمياوية لغرض توضيح الاختلاف في صفات كل متناظر من المتناظرات الاربـــع في مصل الدم للمرضـــى المصابين باليرقان الانسدادى ٠

الطـــرق الفيزياويـــة

1- طريقة الهجرة الكهربائية Electrophoresis

تمت دراسة الصفات الفيزياوية لمتناظرات الانزيم ٠ وذلك بواسطـــة جهاز الهجرة الكهربائي Microzone electrophoresis Beckman 152 واظهرت حزم مفردة للمتناظرات الاربـــع I و II و III و IV ٠ حيث اظهرت حزم مفـــردة للمتناظر I و II بنفس اتجاه حركـــة γ-globulin و α-globulin على التوالي ٠ أما المتناظر III فقد ظهرت حزمة مفردة بنفس اتجاه B-globulin ويتصف بصفات جزيئـــة B-globulin ٠ وظهر المتناظر IV بحزمة مفردة بنفـــس سرعة جزيئة الالبومين وهذا يدل على تشابه الصفات بين هذا المتناظـر وجزيئـة الالبوميـن (كما موضح في الشكل 4) وتوضح هذه التجربـة

اختلاف هذه المتناظرات بنقطة تساوى الشحنة لكل منها ، وتأكيـــــدا لهذه النقطة فقد تم قياسهـــــا ·

2- تعيين نقطة تساوى الشحنة لكل من متناظرات الانزيم الـــــ GoT I و II و III و IV ·

أ- تعيين نقاط تساوى الشحنة بطريقـــــــــــــــــــــــــة LKB Ampholine Carrier Ampholytes.

فتتكون البروتينات من الوحدات البنائية الصغراء المعرفة بــ الاحمـــــاض الامونية والتي تحمل شحنات كهربائية مختلفة وبالتالي تختلف البروتينـــات فيما بينها من حيث المحصلة النهائية للشحنات الكهربائية · فأمـــــا أن يكون البروتين سالب أو موجب أو متعادل الشحنة · وتعتبر نقطـــــة تساوى الشحنة هي احدى الثوابت الفيزياوية المهمة للبروتينـــــات ولد تم قياسها بعملية فصل البروتينات بطريقـــة تعـــادل الشحنـــة Electrofocusing والمذكورة في التحاليل المستعملـــــة في الجزء العملي (4 من رابعا) حيث استعمل Ampholine بمدى (3.5-8) من الارقام الهيدروجينية لفصل هذه المتناظرات عـــــن بعضها بعد تنقيتها جزئيـا · ويوضح الشكل(10) العلاقة بين تركيــــز البروتين ضد الرقم الهيدروجيني وعدد الاجزاء الناضحة · يظهـــــر في الشكل اربع قمم منفصلة مشيرة الى ان لهذه المتناظرات قيم مختلفـــة ويتم ايجاد pI من خلال تقاطع العمود المنزل من كل قمة مع خـــــط الرقم الهيدروجيني وبلغت قيم نقاط تساوى الشحنة pI لكل مـــــن

المتناظرات الاربع I ، II ، III ، IV

(4.05 5 6.7 9.8) .

ب ـ تعيين نقاط تساوى الشحنة لمتناظرات ال GoT الاربع باستعمال جهاز LKB 2117 Multiphor System بهذه الطريقة يتم فصل البروتينات على شكل حزم في مواقع معينة من الارقام الهيدروجينية وكل حزمة في مواقع معينة من الارقام الهيدروجينية وكل حزمة تمثل نوع معين من البروتين له نقطة تساوى الشحنة خاصة به ، ويمكن الحصول على حزم واضحة ومنفصلة عن بعضها عندما تكون هذه البروتينات ذائبة وغير متكتلة بحيث يمكن الاعتماد عليها في تحديد نقطة تعادل الشحنة . ولوحظ ان البروتينات في المحاليل المنافحة من العمود والحاوية على متناظرات ال GoT و I و II و III و IV من مصل دم مرضى اليرقان الانسدادى متكتلة وغير ذائبة في محلول الفوسفات المنظم ذو الرقم الهيدروجيني (7.0) . ولم يعط المتناظر I أى صورة واضحة . واعطى المتناظر II حزمة في مواقع من الارقام الهيدروجينية تتراوح (8.4-8) واخرى في (7.0 - 7) . أما المتناظر III فقد اعطى حزمة في (8.4-8) . أما المتناظر IV فهو الوحيد الذى اعطى حزمة واضحة في الرقم الهيدروجيني 6.7 وحزمة اخرى في (8.4-8-7) .

الا ان النتائج التي حصلنا عليها لتعيين pI بطريقة

لمتناظـرات LKB Ampholine Carrier Ampholytes

GoT من مصل مرضى اليرقان الانسدادى هي أفضل وأدق واعطـت

نتائج واضحة ويمكن الاعتماد عليها في تحديد pI حيث بلغـت

قيم نقاط تساوى الشحنة pI لكل من المتناظرات الاربـع

4.05 5 6.7 9.8 .

3- قياس الوزن الجزيئي باستعمال طريقة قياس الضغط الاوسموزى للمتناظـر IV

تم قياس الضغط الاوسموزى للمتناظر IV بتركيز بروتين 1.454

ملغم / مل وذلك باستعمال جهاز Osmometer . يوضح الشكـل

(5) العلاقـة بين $\frac{\pi}{\text{conc.}}$ ضد conc. ومن الخط البياني

تم حساب $\left(\frac{\pi}{\text{conc.}}\right)_{c\,0}$ عند اقتراب التركيز من الصفر وذلـك

لتصحيح المعادلة وتطبيق المعادلات في الجزء العملي [راجـع (2)]

تم حساب الوزن لمتناظر IV حيث بلغ (152174) ولم نتمكـن

من الحصول على قراءآت للمتناظرات I و II و III

عند استعمال جهاز Halb. Mikro Osmometer ممـا

تعذر حساب أوزانها الجزيئيـة وسبب ذلك يعود الى ان للبروتينـات

هذه المتناظرات الموجودة في الاجزاء الناضجـة من العمود ، غيـر

ذائبـة في محلول الفوسفات المنظـم ذو الرقم الهيدروجيني (7.0)

الموجودة فيه . وبالنظر لكون الضغط الاوسموزى يتناسب طرديـا

مع عدد الجزيئات الذائبـة في المذيب وليس على نوعها (60) لذلـك

فانها تحتاج الى جهاز حساس جدا لأجل قياس الضغط الاسموزي لهـــا وهذا غير متوفر لدينا •

4- دراسة طيف الامتصاص لمتناظرات ال GoT و I و II و III و IV في مصل المرضى المصابين باليرقان الانسدادي •

يبين الشكل (6) انه للمتناظر I قمتان للامتصــــــاص الأعظم الاولى تقع في طول موجي (205 nm) والاخرى في (285 nm) وعند اضافة مواد الأساس للمتناظر I يتغير الامتصاص الاعظم الى طول موجـــــي (202 nm) واخر في طول موجي (220 nm) في نفـــس المواقع من الاطوال الموجية بعد اضافة مواد الاساس وبقائها مع الانزيم 10 ، 20 دقيقة •

وظهر للمتناظر II قمتان للامتصاص احدهما في طول موجـــــــي (210 nm) والاخرى في (250 nm) كما موضح في الشكـــــل (7) • ولوحظ ظهور قمتان للامتصاص احدهما في (205 nm) والاخرى في (225 nm) بعد اضافة مواد الاساس وقراءة الطيف مباشرة وبعد مرور 10 ، 20 دقيقـــة ظهرت له قمتان للامتصاص احدهما تقع في طول موجي (210 nm) والاخـــرى في (225 nm) • وظهرت للمتناظر III قمتان للامتصاص احدهمـــــا تقع في طول موجي (205 nm) والاخرى في (280 nm) • أمـــــا بعد اضافة مواد الاساس فلقد ظهرت له قمة واحدة فقط تقع في (215 nm)

أما للمتناظر IV فقد ظهرت له قمتان للامتصاص احداهمـــا تقـــع في طول موجي (230 nm) والاخرى في (280 nm) تغيـــــرت

الى (230 nm) و (275 nm) على التوالي عند اضافة المواد الاساس على الانزيم ٠

ان الاختلاف في اطياف الامتصاص يعود الى تركيب جزيئات البروتين المتعددة المكونة لكل من المتناظرات ويتميز كل من هذه المتناظرات بطيف خاص به وهذا ما يؤيد وجود اربع متناظرات لأنزيم الـ GoT في حصول مرضى اليرقان الانسدادى تختلف عن بعضها البعض في الصفات الفيزياوية ٠

<u>الصفات الكيميائية لأنزيم الـ GoT في مصل دم المرضى المصابين باليرقان الانسدادى</u>

لغرض التوسع في دراسة صفات المتناظرات الاربع I ، II ، III ، IV من مصل دم المرضى المصابين باليرقان الانسدادى وتأكيد حقيقة كون هذه المتناظرات مختلفة عن بعضها فكان من الضرورى دراسة الصفات الكيميائية لها متضمنا :

أ ـ الدراسات الحركية ٠

ب ـ تعيين تركيز الخارصين ، المنغنيز ، الكالسيوم والنحاس في الاجزاء الناضحة التي تحوى متناظرات الـ GoT الاربع I ، II ، III ، IV .

أ ـ <u>الدراسات الحركية</u>

<u>قياس التركيز الأمثل لمتناظرات GoT I ، II ، III ، IV</u>

تخضع متناظرات الـ GoT الاربع لمعادلة هل بمادية الاساس حامض الاسبارتك والفاكيتوكلوتارك ٠

ويوضح الشكل (12 ، 13) أن المتناظرات I و II و III و IV تسلك سلوك انزيم منظم حيث تعطي شكلا سينيا عند رسم العلاقـة بين تركيز مادتي الاساس حامض الأسبارتك والفاكيتوكلوتارك وفعالية المتناظـرات I و II و III و IV . وقد اجريت حسابات رياضية لمعرفـة سلوكية هذه المتناظرات وتتضمن قياس النسبة بين $= \frac{Asp.(0.9)}{Asp.(0.1)}$ حيث أعطت النتائج : 12 ، 7.05 ، 2.25 ، 7.29 للمتناظـرات I ، II ، III ، IV على التوالي وكذلك حسبت النسبـة

$$= \frac{\alpha\text{-keto.}\ (0.9)}{\alpha\text{-keto.}\ (0.1)}$$

التي أعطت النتائج : 4.42 13.5 7.7 9 للمتناظرات I ، II ، III ، IV على التوالي . وهذا مايؤيد خضوعها للمعادلة هل التاليـة وليس الى معادلـة ميكلين منتن . أي تخضع للمعادلة التاليـة :

$$\log \frac{V}{V.v} = n \log (s) - \log k^{-}$$

ان ظهور الشكل السيني لهذه المتناظرات يعزى الى عدة أسباب منها [(53)] :

1. وجود الشوائب في جزيئة المتناظر والتي تتحد اتحادا لاعكسيـا مع المادة الاساس والتي تكون بشكل غير فعال في التراكيز الواطئـة وزيادة التركيز يعود الخط البياني الى الشكل الزائدي المقطع .

2. وجود مراكز نشطة متعددة في جزيئة المتناظرات I و II و III و IV يؤدي الى الشكل السيني أيضا ، ويعتقد من هذه النتائـج ان اليرقان الانسدادي قد سبب تغيرا في تركيب البروتين للمتناظـر I

وغيره من متناظر اعتيادي خاضعا الى معادلة ميكلس منتن في الحالة الطبيعية الى انزيم منظم يتبع معادلة هل . أما المتناظرين II و IV فهما كما في الحالة الطبيعية انزيمان خاضعان الى معادلة هل . أما الانزيم III المتناظر الجديد فهو أيضا أنزيم منظم يتبع معادلة هل .

ويوضح الجدول (2) التراكيز الوفقى لمادتي الاساس حامض الاسبارتك والفاكيتوكلوتارك للمتناظر I هي $10x172.5^{-3}$ مولاري ، $10 x 1.02^{-3}$ مولاري على التوالي . أما المتناظر II فالتراكيز الوفقى لمادتي الاساس حامض الاسبارتك والفاكيتوكلوتارك فبلغت $10 x 129.5^{-3}$ مولاري ، $10 x 1.66^{3}$ مولاري على التوالي وان التراكيز الوفقى لمادتي الاساس حامض الاسبارتك والفاكيتوكلوتارك للمتناظر III هي $10x166.5^{-3}$ مولاري $10x1.66^{-3}$ مولاري على التوالي واخيرا فالتراكيز الوفقى لمادتي الاساس حامض الاسبارتك والفاكيتوكلوتارك للمتناظر IV $10x129.5^{-3}$ $10x1.33^{-3}$ مولاري على التوالي ويتضح من النتائج ان التراكيز العالية لمواد الاساس قد تسبب تثبيطا لفعالية متناظرات انزيم GoT I و II و III و IV في مصل مرض اليرقان الانسدادي .

ان الغرض من قياس التراكيز الوفقى لمواد الاساس ، استخدامها عند قياس نشاط الـ GoT ومتناظراته الاربع وذلك لتوفير أوفق ظروف لغرض الحصول على السرعة القصوى للتفاعل .

قياس قيم الثابت $\bar{k}$ لمتناظرات الـ GoT في مصل المرضى المصابيـــــن بالبرقـــــان الانســـــدادى

بالنظر لكون متناظرات الـ GoT في امصال مرضى البرقـــــان الانسدادى منظمة الطبيعة وخاضعة لمعادلة هـــل ، لذا فقد استوجـــــب قياس قيم الثابت $\bar{k}$.

يوضح الجدول (3) قيم الثابت $\bar{k}$ لمادتي الاساس حامـــــض الاسبارتك والفاكيتوكلوتارك للمتناظرات I و II و III و IV والتي استخرجت في المعادلة التاليـــــة :

$$n \log (s)_{50} = \log \bar{k}$$

حيث $\text{Log}(s)_{50}$ تمثل قيمة Log (s) عندمـــــا :-

$$\text{Log} \frac{V}{V-v} = 0$$

فبلغت قيم الثابت $\bar{k}$ لحامض الاسبارتك والفاكيتوكلوتارك للمتناظـــــر I هي 2.5×10^{-3} و 4.3×10^{-7} مولارى وتختلف عن النتائـــــج المستحصلة في مصل دم الانسان الطبيعي (45).

بلغت قيم الثابت $\bar{k}$ لحامض الاسبارتك للمتناظرات II و III و IV : (5.04×10^{-3} و 4.82×10^{-3} و 8.1×10^{-3}) مولارى على التوالي . وتختلف عن النتائج المستحصلة من دم الانسان الطبيعـــــي (45) حيث بلغت (2.2×10^{3} و 3.2×10^{5}) مولارى للمتناظريـــــن II و IV على التوالي . وبهذا فان الفة المتناظرين II و IV

لمادتيها الاساس حامض الاسبارتك تكون أعلى في الحالة الطبيعية ٠

أما قيمة الثابت $\bar{k}$ لـ الفاكيتوكلوتارك للمتناظرات II و III و IV و : (10x5.6 $^{-7}$ و 10 x 1.09 $^{-6}$ و 10 x 0.18 $^{-6}$) مولارى على التوالي وتختلف عن النتائج المستحصلة من دم الانسان الطبيعي حيث بلغت قيم $\bar{k}$ للمتناظرين II و IV (45) : (10 x 0.36 $^{-3}$ و 10 x 0.58 $^{-3}$) مولارى ٠ ومن هذه النتائج تستدل على ان الفة هذه المتناظرات لمادتي الاساس حامض الاسبارتك والفاكيتوكلوتارك تكون اعلى من الفتهما لهاتون المادتين في الحالة الطبيعية ٠

تأثير درجة الحرارة على متناظرات أنزيم GoT I و II و III و IV

تمت دراسة تأثير درجة حرارة التفاعل المختلفة والتي تتراوح من (27 - 67) م° ٠ على نشاط متناظرات الـ GoT في مصل المرضى المصابين باليرقان الانسدادى كما مبين في الشكل (18) وبلغت درجة الحرارة الوفقى للمتناظر I 57° ويفقد جميع فعاليته بدرجة حرارة 67° ٠

وللمتناظرات II و III و IV بلغت درجة الحرارة الوفقى 37° و 37° و 57° على التوالي حيث يفقد المتناظران II و IV جميع فعاليتهما بدرجة 67° نهائيا ٠ أما المتناظر III فيفقد جميع فعاليته بدرجة 47° ٠ وتزداد سرعة التفاعل بزيادة درجة الحرارة الى أن تصل درجة الحرارة الوفقى التي يعمل بها الانزيم حيث تبدأ بالانخفاض الى أن يفقد جميع الفعالية وذلك لحصول اتلاف جوهرى لطبيعة

الجزيئات البروتينية ويعتبر الترتيب الهندسي الفراغي بصورة لاعكسية مع فقـــدان الفعاليـــة التحفيزيـــة [54] . لاتوجد أي اشارة في الادبيات حول درجـــة الحرارة على سرعة تفاعل في مصل المرضى المصابين باليرقـان الانسدادي .

يوضح الشكل (19) العلاقـة بين لوغاريتم السرعة القصوى للـ GoT في مصل الدم ومعكوس درجة الحرارة المطلقة والتي تعطي خطا مستقيما ، وذلـــك لأنها تتبع معادلة ارينيوس التاليـــة :

$$\ln k = \frac{-E_a}{RT} + \text{constant}$$

ومن ميل الخط المستقيم نستطيع حساب الطاقة النشطة للتفاعل [55] .

$$\text{الميل} = \frac{-E_a}{2.3\ R}$$

ومن الشكل (19) يمكن تعيين معامل درجة الحرارة Q_{10} حيث تزداد درجـــة الحرارة % ومن خلال المعادلة :

$$E_a = \frac{2.3\ RT_2\ T_1 \log Q_{10}}{10}$$

ويوضح الجدول (4) قيم (E_a) لكل من المتناظرات I و II و III و IV ، كذلك قيم Q_{10} لكل منها حيث حصلنا على القيم من (2-1) أي تقع ضمن التفاعلات الانزيمية [56] كما يوضح الشكل (23) تأثير درجـــه الحرارة على pK لكل من المتناظرات الاربع للأنزيم GoT في مصـــــل مرضى اليرقان الانسدادي .

تأثير الرقم الهيدروجيني على نشاط كل من المتناظرات الـ GoT I و II و III و IV •

يختلف الرقم الهيدروجيني الأوفق والذى يجعل سرعة التفاعل في حالته القصوى باختلاف طبيعة الانزيم وتركيبه الكيميائي وما يحمله من مجاميع ايونية (56) •

ويوضح الجدول (2) الارقام الهيدروجينية الوفقى لمتناظرات أنزيم GoT I و II و III و IV و في مصل مرضى اليرقان الانسدادى حيث بلغت 7.4 ، 8.5 ، 7.8 ، 7.6 على التوالي حيث تبلغ سرعة تفاعلها اقصى قيمة وتنخفض فعاليتها في زيادة الرقم الهيدروجيني (كما موضح في الشكل 25) •

ان سبب الانخفاض في سرعة التفاعل بعد الرقم الهيدروجيني الأوفق هو زيادة ايونات الهيدروجين الموجبة الشحنة H^+ في المحلول المحيط حيث يعمل تثبيطا تنافسيا للـ EH^+ والذى يمثل الشكل الايوني الاوفق للمراكز النشطة • وأما في الارقام الهيدروجينية العالية هي بسبب وفرة OH^- والتي تعمل تثبيطا تنافسيا للـ EH^+ •

تأثير الرقم الهيدروجيني على قيم $\bar{k}$ لمتناظرات الانزيم GoT I و II و III و IV في مصول مرضى اليرقان الانسدادى •

لقد تم الحصول على قيم ثوابت التفكك pK للاحماض الامينية الموجودة في المركز النشط للمتناظرات I و II و III و IV

من الشكل (24) وذلك بدراسة أثر الرقم الهيدروجيني على الثابت $\bar{k}$.

حيث بلغت قيم pK للمتناظر I (7.35) . وللمتناظر II قيمتان لثابت التفكك 6.6 و 8.5 . أما المتناظر III فبلغت له pK (6.6) وبلغت pK للمتناظر IV (7.25) وتدل قيم الذى تم الحصول عليها في هذه الدراسة على انها تعود الى وجود الحامض الاميني الذى له pK قدرها (6.6-8.5)[57] .

تأثير زمن التفاعل على نشاط كل من المتناظرات I و II و III و IV لانزيم GoT من مصل مرضى اليرقان الانسدادى

أ ـ يلاحظ عند استعمال التراكيز المثلى من مواد الاساس (كما موضح في الجزء العملي (خامسا (أ) 6) أن زمن التفاعل اللازم للحصول على أعلى نشاط للمتناظر I نصف ساعة ، بينما يبلغ في الحالة الطبيعية فعالية المتناظر I اقصاها بعد ساعة واحدة .

وتبدأ فعالية المتناظر I بالانخفاض عند استعمال زمن تفاعل اكثر من نصف ساعة حيث يفقد 50 % من فعاليته بعد ساعة واحدة . أما للمتناظرات II و III و IV فقد بلغ زمن التفاعل اللازم لاعطاء أعلى فعالية لها ساعة واحدة ويلاحظ استمرار المتناظرين II و IV على نفس المستوى من الفعالية عند زيادة زمن التفاعل في ساعة واحدة وتبدأ فعالية المتناظر III بالانخفاض بدرجة انخفاض تختلف عن المتناظر I (كما موضح في الشكل 20) .

ب ـ يلاحظ عند استعمال تراكيز واطئة من مواد الاساس حامض الأسبارتك والفاكيتوكلوتارك أن 20 دقيقة هو الزمن الكافي لاعطاء اعلى فعالية للمتناظرات I و II و III و IV ويلاحظ كذلك أنه المتناظر I يبدأ بالانخفاض بفعاليته بعد 20 دقيقة حيث يفقد 20% من فعاليته عند استعمال نصف ساعة كزمن للتفاعل ويفقد فعاليته جميعا بعد ساعة واحدة . أما المتناظرات II و III و IV تنخفض فعاليتها عند استعمال زمن التفاعل الاكثر من 20 دقيقة بانخفاض قليل نسبيا (كما موضح في الشكل 21 ، 22) .

قياس التراكيز المثلى لمتناظرات أنزيم الـ GoT I و II و III و IV

تمت دراسة تأثير تراكيز متناظرات الـ GoT على فعالية المتناظرات I و II و III و IV في مصول مرضى اليرقان الانسدادي ، كذلك لمعرفة التراكيز المثلى لهذه المتناظرات . ويلاحظ عند استعمال 0.2 مل من الاجزاء الناضجة الحاوية على متناظرات الـ GoT كافية لاعطاء أعلى فعالية . كما موضح في الشكل (26) .

تثبيط متناظرات الانزيم الناقل لمجموعة الامين GoT في مصل مرضى اليرقان الانسدادي .

لقد تم في هذه الرسالة دراسة تأثير كل من خلات الصوديوم وحامض fumaric على نشاط متناظرات انزيم GoT .

وبالنظر لكون هذه المتناظرات عبارة عن انزيمات منظمـــة وخاضعة لمعادلة هـل (كما عرفت من الدراسات الحركية المذكورة اعلاه) فقد استخدمت طريقـــة هل والتي تتضمن رسم $\log \frac{v_i}{V-v_i}$ ضد log (I) لتعيين ثابت التثبيـــط k_i لمتناظرات انزيم GoT I و II و III و IV في مصل مرضـــى اليرقان الانسدادي .

ويثبط انزيم الـ GoT بواسطة متشابهات المادة الاساس التـــي لاتجرى عليها عملية نقل مجموعة الامين فقد توصل Jenkins الى أن جميـــع الاحماض الاليفاتيـــة ثنائيـــة الكاربوكسيل تسبب تثبيطا تنافسيا لأنزيم قلب الخنزيـــر من خلال تكوين مركب معقد مع الانزيم وقد اشتقت جميع ثوابت التحليل لهذه المركبـات المعقدة [58] . وقد اختلفت قابلية التثبيط لهذه الاحماض الاليفاتية ثنائيـــــة الكاربوكسيل :-

Glutaric , Fumaric , Maleic and Succinic acid[59]

وتوضح الاشكال (27 ، 28 ، 29 ، 30) تأثير اضافـــة حامض fumaric على نشاط كل من المتناظرات الاربع لل GoT وقـــــد استخرجت قيمة k_i (الموضحة في الجدول 5) بالنسبة لمادة الاســــاس حامض الاسبارتك والمتناظر I بلغت قيمة ثابت تثبيطه k_i (251) وهي أعلـــى من قيمة k_i للمتناظرات II و III و IV حيث بلغت للمتناظـــرات II و IV(44) ، (32) على التوالي وهـي بدورها أعلى من قيمـــة k_i للمتناظر III حيث بلغت (20) .

كما يوضح الجدول (6) النسب المئوية لتثبيط هذه المتناظرات باستعمـال (0.06 mM) حامض fumaric حيث بلغت (69 ، 68 ، 50 ، 66)

للمتناظرات I و II و III و IV على التوالي .

واصبح تأثير اضافة خلات الصوديوم على نشاط متناظرات أنزيم الـ GoT في مصل مرضى اليرقان الانسدادى محفزا لهذه المتناظرات بدلا من أن يكون مثبطا .

ويمكن تفسير ذلك الى أنه هناك تغيير في تركيب بروتين متناظرات الـ GoT في مرضى اليرقان الانسدادى جعل ارتباط ايون الخلات بأحد المراكز النشطة المنظمة بسبب تغييرات متتابعة في الشكل الهندسي الفراغي للمراكز النشطة المحفزة المجاورة بحيث تزيد من ارتباط مواد الاساس مع تلك المراكز . وبذلك يزيد نشاط متناظرات الـ GoT I و II و III و IV ويوضح الجدول (7) النسب المئوية للتحفيز لمتناظرات GoT عند استعمال (0.08 mM) من خلات الصوديوم .

<u>ب - تعيين تركيز الخارصين بالمنغنيز والكالسيوم والنحاس في الاجزاء الناضحة التي تحوى متناظرات الـ GoT I و II و III و IV في مصل مرضى اليرقان الانسدادى .</u>

ان الالكتروليتات تغير كمنشطات لعمل الانزيم وبالنظر لأهميتها وعدم ذكرها في الأدبيات قيست تراكيزها في حالة المرضى المصابين باليرقان الانسدادى ويوضح الجدول (8) تركيز كل من (الخارصين والمنغنيز والنحاس والكالسيوم) في متناظرات الـ GoT الاربع ومقدرة بجزء من المليون ppm. وحسبما مذكور في الجزء (خامسا (ب)) من العملي . حيث

يحتوى المتناظر II على أعلى تركيز للمنغنيز مقارنة لما تحتويه المتناظرات الاخرى للمنغنيز • أما بالنسبة لتركيز ايون النحاس فانه يحتوى على تركيز مقارب لما موجود في المتناظر IV ، ويحتوى المتناظر III أعلى تركيز للكالسيوم •

أما المتناظر I فيحتوى على أعلى تركيز للخارصين •

وتؤكد هذه النتائج على الاختلاف في تركيب هذه المتناظرات والتي سبق وأن تم الحصول عليها عند استعمال الهجرة الكهربائية ومن الكروموتوغرافيا وحركة الانزيمات •

Summary

69

الخــــلاصـــــة

أولا ــ

أ ــ ارتفع مستوى نشاط الانزيم GoT في حالات الاصابة باليرقــان
الانسدادى متراوحا من ارتفاع طفيف الى ارتفاع عال معتمدا على نسبــة
الانسداد (ان كان كليا أو جزئيا) وعلى شدة الاصابة ومدى تأثيــر
الانسداد على أنسجة الكبد ٠ فعندما يتأثر الكبد يكون ارتفاعـــه
عال ٠

ب ــ تم فصل وتنقية أربع متناظرات للانزيم GoT في مصل مرضــــى
اليرقان الانسدادى باستعمال الجل المبادل للايونات السالبـــة
DEAE-sephadex A-50 ٠ واختلافا في توزيـــــع
هذه المتناظرات عما هو عليه في الحالة الطبيعية ٠

ثانيا ــ اختلفت انماط توزيع متناظرات الـ GoT في مصل مرضــــى
اليرقان الانسدادى خلال فترة المعالجة ورجوعها الى النمـــط
الطبيعي بعد لاسبوعين على الأقـــل ٠

ثالثا ــ الخواص الفيزياوية لمتناظرات الانزيم GoT في مصل مرضــــى
اليرقان الانسدادى :

1ــ تعيين نقاط تساوى الشحنة :
اختلفت نقطة تساوى الشحنة pI لكل من المتناظـــرات
الاربع وذلك بسبب الاختلاف في محتواها من الاحماض الامينية ٠

2- الهجرة الكهربائية

وجد بأن المتناظر I له نفس صفات جزيئـــــــــة γ-globulin وللمتناظر II نفس جزيئـــــــــة α-globulin والمتناظر III و IV لهما نفـــس صفات B-globulin والالبومين على التوالي •

3- دراسة الضغط الاسموزى للمتناظر IV وذلك لاحتوائــــه على حبة منفردة من البروتين ذائبة في المحلول الناضج ، تــم قياس الوزن الجزيئي لهذا المتناظر وبلغت قيمتـــــــــه (152174) •

4- دراسة اطياف الامتصاص لكل من المتناظرات I و II و III و IV •

اختلفت اطياف الامتصاص لكل من هذه المتناظرات الاربع وذلـــــــك لاختلافها في تركيب الاحماض الامينية الموجودة حيث يمتص كل حامـــــض اميني في طول موجي معين •

رابعا ــ الخواص الكيمياوية لمتناظرات الانزيم GoT I ، II ، III ، IV

1- العلاقة بين تركيز مادتي الاساس Aspartic و α-ketoglutarate وسرعة التفاعـــــــل لكل من المتناظرات الاربع • وظهرت ان جميع هـــــذه المتناظرات تخضع لمعادلة هـــل •

2- استخرجت التراكيز الوفقى لمادتي الاساس لكل من المتناظـــــرات الاربع وحسبت قيمة $\bar{k}$ لكل منهـــــا •

3- استخرجت القيم الوفقى لكل من الرقم الهيدروجينـــــي ودرجـــة الحرارة وتركيز الانزيم وزمن التفاعل التي تعمل بها كل مـــــــن المتناظرات I و II و III و IV .

4- اظهرت المتناظرات I ، II ، III ، IV اختلافـــا في محتواهـــا من الالكتروليتات موكدة اختلاف هذه المتناظـــــرات في التركيــــب •

References

References:

1. STANLEY DAVIDSON AND GOHN MACLEOD, (1971). In the
   principles and practice of medicins, p. 619,
   Churchill Livingstone, Edinburgh.

2. A. GUKASYAN (1967). In Internal diseases, p. 433,
   Moscow.

3. STANLEY DAVIDSON AND GOHN MACLEOD (1971). In the
   principles and practice of medicins, p. 627,
   Churchill Livingstone, Edinburgh.

4. J. C. Houston (1973). In A short text book of
   medicins, p. 81, E.L.B.S. London.

5. STANLEY DAVIDSON AND GOHN MACLEOD (1971). In the
   principles and practice of medicins, p. 633,
   Churchill Livingstone, Edinburgh.

6. STANLEY DAVIDSON AND GOHN MACLEOD (1971). In the
   principles and practice of medicins, p. 631,
   Churchill Livingstone, Edinburgh.

7. SHERLOCK (1975). In Diseases of the liver, p. 48,
   H.S. of medicin, University of London.

8. SHERLOCK (1975). In Diseases of the liver, p. 42,
   H.S. of medicin, University of London.

9. MAN E. B., KARTN B. L. (1945). The lipids of the serum
   and liver in patients with hepatic diseases, J.
   Clin. invest. p. 24, 623.

10. SHERLOCK (1975). In Diseases of the liver, p. 24,
    H.S. of medicin, University of London.

11. MENDEN HALL, C. L. (1962). Alteration in serum triglyceride level in liver diseases, gastroenterology, p. 42.

12. SHERLOCK (1975). In Diseases of the liver, p. 26, H. S. of medicin, University of London.

13. CARROLL MOTON LEEVY (1957). Liver Disease, p. 65.

14. SHERLOCK (1975). In Diseases of the liver, p. 19, H. S. of medicin, University of London.

15. FELIX WROBLEWSKI (1957), Am. A. Arch. Internal Med. 100, 635-41.

16. GANUSTAPIS (1963). Polskie Arch. med. 33(1), 25-32.

17. F. PICCININO (1966), Biochem. Appli. (1316, 282-30 (HOI).

18. G. VIDO (1965). Acta Conv. Med. Internac Hung., 3rd Budapest, 433-8.

19. KOCHHAR K. S. (1973). J. Indian Med. Ass., 60/5 (153-161).

20. NIYAZISEZEN (1965). Ankara Univ. Tip FAK Mecmnasi 28(1), p. 104 (Turk.).

21. LASZIO KASZA (1960). Orvasi Szemle 6, 179-82.

22. M. GIANELLI (1962). Dugliachin 5(6), 867-78.

23. MASON, J. H., AND WROBLEWSKI (1957). F. Arch. Intern.,
    Med. 99, 245.

24. CIERMONT, R. G. AND CHAIMERS (1967). Medicine 46,
    197,

25. MOSSBERY, S. M. (1963). Gastroenterology 45,
    (345-53).

26. GOSEF PRAZAK (1962). Vnitrni Lekarstvi 8, 18-26.

27. FELIX WROBLEWSKI (1955). Ann. Internal Med. 43,
    345-50.

28. FRANCESCO CANDVRA (1957). Arch. Studio Fisiapatol.,
    Clin. ricambio 2, 11-24.

29. C. M. RANGAM (1962). J. Indian Med. Assoc., 38,
    395-9.

30. WILKINSON, J. H. (1976). In the principles and
    practices of diagnostic enzymology, p. 165, Anold
    London.

31. GABRIELLI, E. R. AND ORFANOS, A. (1968). Proc. Soc.
    Exp. Biol. N. Y. , 128, 803.

32. IVPAC. IVB Commission on Biochemical nomenclature
    (1972). Biochem. Biophys. Acta 258, 1.

33. BOCHAROV, A. L., DEMIDKINA, T. V., KARPEISKII, M. A.
    AND POLXANOVSKII, O. L. (1973). Biochem. Biophys.
    Res. Commun 50, 377.

34. MARTINES CARRION, M. TURANO, C., CHIANCON, E. Rossa,
    F. Giartosio, A., Riva, F. and Fasella, P. (1967).
    J. Biol. Chem. 242, 2397.

35. NISSELBAVM, G. S. AND BODANSKY, O. J. (1964), J. Biol.
    Chem. 239, 4232.

36. BOYDE, J. W. (1961). Biochem. J. 81, 434.

37. KAWAGUCHI, M., et. al. (1966). J. Jap. Soc. Intern.
    Med. 54: 10: 8.

38. SCHWARTZ, M. K. AND BODANSKY, O. (1966). Amer. J.
    Med. 40, 231.

39. KAR, N. C. AND PEARSON, C. M. (1964). Proc. Soc.
    Exp. Biol., N. Y. 116, 733.

40. SCHMIDT, E., SCHMIDT, F. W. and OTTO, P. (1967).
    Clin. Chim. Acta 15, 283.

41. DOONAN, S. DOONAN, H. J., HANFORD, R. Carloni, M.,
    Fasella, P. and Riva (   ). F. Biochem. J.
    149, 497.

42. BOYDE, J. W. (1962). Biochem. J. 84, 14.

43. BOYDE, J. W. (1966). Biochem. Biophys. Acta., 113, 302.

44. MICHUD , C. M. and MARTINEZ, M. (1969). Biochemistry 8, 1095.

45. Al-Mudhaffar, S. A. and Al-Salihi, F. G. (1978). Folia. Bioch. et. Biol. Graeca. vol. xiii, p. 34-43.

46. Al-Mudhaffar, S. A. and Al-Salihi, F. G. (1978). Folia. Bioch. et. Biol. Graeca. vol. xiii, p. 44-53.

47. Al-Mudhaffar, S. A. and Al-Obaydi, F. H. (1978). Folia. Bioch. et. Biol. Graeca. vol. xiii, p. 54-60.

48. Al-Mudhaffar, S. A. and Al-Azawi (1978). Indian J. of Medical research (in press).

49. KIVNOVA, S. M. PREVODI TELER, D. A. and FILIDPORICH, I/V.B. (1974). Biochem., Nasekomykh. 16, 100.

50. HAVNG, A. H. C. LIV, K. D. F. and YOVIE, R. J. (1976). Plant Physiol. 58-110.

51- REITMAN, S. and FRANKEL, S. (1957) Amer. J. Clin.
         Pathol. 28, 569.

52- KALICKAR, H. N. (1947) J. Biol. Chem. 167, 461.

53- LAIDIER, K. J. and BUNTING, P. S. (1973) in
         chemical Kinetics of Enzyme action, 2nd.
         ed., p. 359, Clarendon Press, Oxford.

54- CORNISH. BOWDEN, A. (1976) in principles of
         enzyme kinetics, 1st ed., p. 126, Butter
         worth, London.

55- SEGEL, I. H. (1975) in Enzyme Kinetics, 1st ed.
         p. 926, John Wiley and Sons, New York.

56- DAWES, E. A. (1964) in comprehen. Biochem.
         (Florkin, M. and Stotz., E. H.) Vol. 12,
         p. 104, Elsevier, Amsterdam.

57- DIXON, M. and WEBB, C. E. (1966) in Enzyme, 2nd
         ed., P. 116, Longmens, London.

58- JENKINS, W. T., Yphantis, P. A. and Sizer, I. W.
         (1959) J. Biol. Chem. 234, 51.

59- SCANDURRA, R. and CANELLA, C. (1972) Evr. J. Bio-
         chem. 26, 196.

60- WEST and TODD, Text book of Biochemistry p. 77,
         78, 1970.